技工院校数控类专业（高级技能层级）

数控编程（第二版）习题册

韩鸿鸾　主编

中国劳动社会保障出版社

简　介

本书是技工院校数控类专业教材（高级技能层级）《数控编程（第二版）》的配套用书。本书紧扣教学要求，按照教材章节顺序编排，知识点分布均衡，题型丰富多样，难易配置适当，有助于学生复习巩固所学知识。

本书由韩鸿鸾主编，李明根、董文敏、陈文昀、刘祥坤、陶立慧、张玉东参加编写，沈建峰审稿。

图书在版编目(CIP)数据

数控编程（第二版）习题册 / 韩鸿鸾主编. -- 北京：中国劳动社会保障出版社，2025. --（技工院校数控类专业）. -- ISBN 978-7-5167-6967-6

Ⅰ. TG659-44

中国国家版本馆 CIP 数据核字第 2025HP3352 号

中国劳动社会保障出版社出版发行

（北京市惠新东街 1 号　邮政编码：100029）

*

北京鑫海金澳胶印有限公司印刷装订　新华书店经销

787 毫米×1092 毫米　16 开本　9 印张　213 千字

2025 年 4 月第 1 版　　2025 年 4 月第 1 次印刷

定价：20.00 元

营销中心电话：400-606-6496

出版社网址：https://www.class.com.cn

https://jg.class.com.cn

目　录

第一章　数控编程基础

第一节　数控编程概述

一、填空题

1．数控编程方法可分为______________和______________两种。

2．程序单和制备好的控制介质必须经过校验和__________才能正式使用。机床空运转只能检查机床的____________是否正确，不能检查被加工零件的_______________。

二、选择题

1．检验程序正确性的方法不包括（　　）。

A．空运行　　B．图形动态模拟

C．自动校正　　D．试切削

2．数控加工程序的输入必须在（　　）方式下进行。

A．手动加工　　B．自动加工

C．编辑　　D．手动输入

3．编制数控加工程序的首要工作是（　　）。

A．选择机床　　B．选择刀具

C．工艺分析　　D．编排工序

4．编程人员对数控机床的性能、规格、刀具系统、（　　）、工件的装夹都应非常熟悉，这样才能编出好的程序。

A．自动换刀方式　　B．机床的操作

C．切削规范　　D．测量方法

5．（　　）时间是辅助时间的一部分。

A．检验工件　　B．自动进给

C．加工工件　　D．领导谈话

三、判断题

1．对于几何形状简单的零件，自动编程的经济性好。　（　　）

2．手工编程比较适合于批量较大、形状简单、计算方便、轮廓由直线或圆弧组成的零件的加工。　（　　）

3．手工编程比自动编程麻烦，但正确性比自动编程高。　（　　）

4．程序试运行和对刀试切都是为了检验加工程序是否正确。　（　　）

5．数控机床所加工的轮廓与采用的程序有关，而与选用的刀具无关。（　　）

6．编制好的加工程序可以直接手工输入数控装置，也可以直接通过通信的方式传送至数控装置。（　　）

7．当数控加工程序编制完成后即可进行正式加工。（　　）

四、名词解释

1．程序

2．数控编程

3．手工编程

4．自动编程

五、简答题

1．数控加工程序的编制包括哪些步骤？

2．编程人员在编制程序时应遵守哪些原则？

3．数控加工程序的编制方法有哪些？它们分别适用于什么场合？

第二节　数控机床坐标系

一、填空题

1. 编程时对各种刀具刀位点的规定：对立铣刀、端面铣刀而言是指________________，对球头铣刀而言是指____________________，对钻头而言是指钻尖。

2. 机床某一运动部件的运动正方向规定为__________工件与刀具之间距离的方向。

3. 确定数控机床坐标系时，一般应先确定______轴。

4. ______坐标的运动是水平的，它平行于工件装夹面，是刀具或工件定位平面内运动的主要坐标。

5. A 轴的运动表示围绕______轴的旋转运动，其正方向为________________的方向。

6. 标准的数控机床坐标系是一个________________________。

二、选择题

1. 数控机床每次接通电源后，在运行前首先应做的是（　　）。

A. 给机床各部位加润滑油　　B. 检查刀具安装是否正确

C. 机床各坐标轴回参考点　　D. 检查工件装夹是否正确

2. 在（　　）情况下，需要手动返回机床参考点。

A. 机床电源接通，开始工作之前

B. 机床停电后，再次接通数控系统的电源时

C. 急停信号或超程报警信号解除之后，机床恢复工作时

D. 以上选项都正确

3. 数控机床在确定坐标系时，考虑刀具与工件之间的运动关系，应采用（　　）原则。

A. 假设刀具运动、工件静止　　B. 假设工件运动、刀具静止

C. 视具体情况而定　　D. 假设刀具、工件都不动

4. 数控编程时，应首先设定（　　）。

A. 机床原点　　B. 机床参考点

C. 机床坐标系　　D. 工件坐标系

5. 对于大多数数控机床，开机第一步总是先使机床返回参考点，其目的是建立（　　）。

A. 工件坐标系　　B. 机床坐标系

C. 编程坐标系　　D. 工件基准

6. 数控机床 Z 轴的运动方向（　　）。

A. 平行于工件装夹方向　　B. 垂直于工件装夹方向

C. 与主轴回转中心平行　　D. 不确定

7. 数控机床的旋转轴 B 轴是绕直线轴（　　）旋转的轴。

A. *X* 轴　　B. *Y* 轴

C. *Z* 轴　　D. *W* 轴

8. 在有刀具回转的机床上（如铣床），若 *Z* 轴是水平的（主轴是卧式的），当由主要刀具的主轴向工件看时，*X* 轴的正方向指向（　　）。

A. 前方　　B. 后方

C. 左方　　D. 右方

9. 下列关于机床参考点的说法中，正确的是（　　）。

A. 数控机床开机后一般都要先回机床参考点

B. 机床参考点与机床原点重合

C. 机床参考点与换刀点重合

D. 机床参考点与工件坐标系原点重合

10. 数控机床的旋转轴 *C* 轴是绕直线轴（　　）旋转的轴。

A. *X* 轴　　B. *Y* 轴

C. *Z* 轴　　D. 不固定

11. 铣削编程时，为了编程方便，可将工件坐标系原点确定于工件的（　　）。

A. 左前角　　B. 右前角

C. 旋转中心　　D. 任何位置

三、判断题

1. 工件坐标系是编程时使用的坐标系，故又称为编程坐标系。（　　）

2. 换刀点是数控机床上一个固定的极限点。（　　）

3. 数控机床参考点是机床上的一个固定位置点。（　　）

4. 试切对刀是为了确定数控机床原点。（　　）

5. 加工中心的机床坐标系原点和机床参考点是重合的。（　　）

6. 工件坐标系原点的位置通常由厂家确定。（　　）

7. 数控机床坐标系的规定与普通机床相同，均由左手笛卡儿直角坐标系确定。（　　）

8. 为防止换刀时碰伤工件或夹具，换刀点常常设置在被加工工件的轮廓之外，并要有一定的安全量。（　　）

9. 编程坐标系是标准坐标系。（　　）

10. 数控机床有软限位和硬限位，但软限位在第一次手动返回参考点前是无效的。（　　）

11. 机床参考点是数控机床上固有的机械原点，该点到机床坐标系原点在进给坐标轴方向上的距离可在机床出厂时设定。（　　）

12. 对刀点是指在数控机床上加工零件时，刀具相对零件做切削运动的起始点。（　　）

13. 数控车床的机床坐标系原点和机床参考点是重合的。（　　）

14. 数控机床的回原点是指回到工件坐标系原点。（　　）

15. 在有刀具回转的机床上（如铣床），若 *Z* 轴是垂直的（主轴是立式的），当由主要刀具的主轴向立柱看时，*X* 轴的正方向指向右方。（　　）

四、简答题

1. 如何确定数控机床上坐标轴的正、负方向？

2. 如何选择一个合理的编程原点？

3. 什么是刀位点？确定刀位点时应注意哪些原则？

4. 请画出图 1－1 所示各机床的机床坐标系。

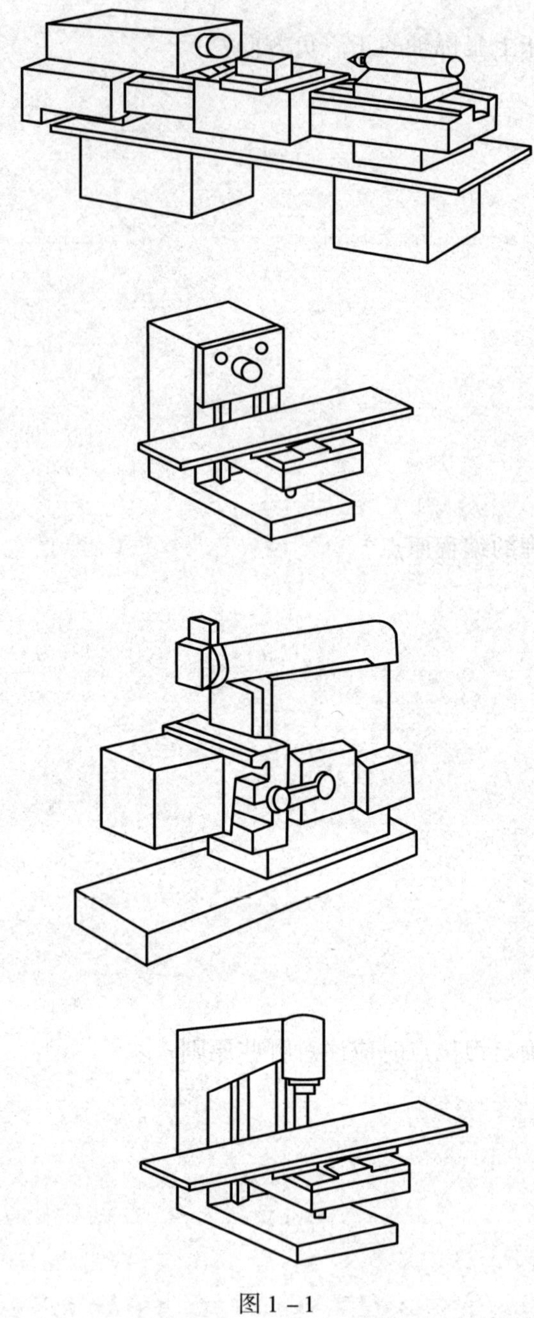

图 1－1

第三节　数控加工程序的组成与格式

一、填空题

1. 程序字是一套有规定次序的__________，可以作为一个信息单元存储、传递和操作。

2. 在数控加工程序中，地址是指位于__________的字符或字符组，用以识别其后的数据。在传递信息时，它表示其出处或目的地。

3. 子程序可调用另外的子程序，这一功能称为子程序__________。一般情况下，FANUC 0i 系统中的子程序可以嵌套____级。

二、选择题

1. 若在自动运行中需跳过程序段，则应使用符号（　　）。

A. –　　B. =　　C. /　　D. \

2. 现代数控系统都有子程序功能，并且子程序（　　）嵌套。

A. 只能有一层　　B. 可以有限层　　C. 可以无限层　　D. 不能

3. 如果程序段中省略了重复调用子程序的次数，则默认为重复调用次数为（　　）次。

A. 0　　B. 1　　C. 99　　D. 100

4. 子程序调用指令“M98 P42021;”的含义为（　　）。

A. 调用 420 号子程序 21 次　　B. 调用 2021 号子程序 4 次

C. 调用 4202 号子程序 1 次　　D. 调用 021 号子程序 42 次

5. 子程序调用指令“M98 P30010;”中的 10 表示（　　）。

A. 无单独含义　　B. 10 号子程序

C. 调用 10 次子程序　　D. 程序段位置

6. 在很多数控系统中，（　　）在手工输入过程中能自动生成，无须操作者手动输入。

A. 程序段号　　B. 程序号　　C. G 代码　　D. M 代码

7. 程序是由多条指令组成的，每条指令称为一个（　　）。

A. 程序字　　B. 地址字　　C. 子程序　　D. 程序段

8. 子程序中的程序段“M99 P100;”表示（　　）。

A. 调用子程序 O100 一次　　B. 返回子程序 N100 程序段

C. 返回主程序 N100 程序段　　D. 返回主程序 O100

三、判断题

1. 数控系统中对每一组的代码指令都选取其中一个作为开机默认代码。（　　）

2. FANUC 系统指令“M98 P×××× L××××;”中省略 L，则该指令表示调用子程序一次。（　　）

3. 指令“M98 P51002;”表示将程序号为 5100 的子程序连续调用两次。（　　）

4. FANUC 系统程序中括号里的内容仅表示程序注释，不能表示其他内容。（　　）

5．数控加工程序的程序段号必须顺序排列。 （　　）

6．编程人员必须严格按照机床说明书的规定格式进行编程。 （　　）

7．“X100.0；”是一个正确的程序段。 （　　）

8．数控加工程序在系统内执行的先后次序与程序号无关。 （　　）

9．在 FANUC 系统中，程序 O10 和程序 O0010 是同一个程序。 （　　）

10．当程序段作为跳转或程序检索的目标位置时，程序段号不可省略。 （　　）

11．对于所有数控系统，同一机床中的程序号不能重复。 （　　）

12．不同的数控铣床可选用不同的数控系统，但数控加工程序的指令都是相同的。 （　　）

13．程序段是按程序段号数值的大小顺序来执行的，程序段号数值小的先执行，数值大的后执行。 （　　）

14．SIEMENS 系统程序名最多为 16 个字符，可以使用分隔符。 （　　）

15．关于数控加工程序，目前使用最多的是使用地址符的可变程序段格式。 （　　）

16．一个主程序只能调用一个子程序。 （　　）

17．子程序的编写方式可以是增量方式。 （　　）

18．子程序的第一个程序段和最后一个程序段必须用 G00 指令进行定位。 （　　）

19．在任何情况下，前面加符号“/”的程序段都将被跳过执行。 （　　）

20．“X1234.56”是由 8 个字符组成的一个程序字。 （　　）

四、简答题

一个完整的加工程序由哪几部分组成？

第四节　数控机床的主要功能

一、填空题

1．根据加工需要，进给功能 F 可以分为____________和__________两类，其单位分别用 mm/min 和 mm/r 表示。

2．在机床的操作面板上有一个“任选停止”开关，当该开关打到“ON”位置时，程序中如遇到 M01 代码，其执行过程与______相同；当该开关打到_______位置时，数控系统对 M01 不予响应。

3．主轴转速功能用来指定主轴的转速，单位为_______，地址符为 S。

4. 指令 M08 的含义是__________，指令 M09 的含义是__________。

5. 程序中一经指定即能保持连续有效的代码称为__________，又称为持续有效指令。仅在所编入程序段有效的代码称为__________代码，又称为程序段有效指令。

6. 主轴转速的设定分为恒线速和恒转速两种，前者用__________表示，后者用__________表示。

二、选择题

1. 用于机床开关的指令是（　　）代码。

A. F　　B. S　　C. M　　D. G

2. 下列指令中属于准备功能的是（　　）。

A. G01　　B. M08　　C. T01　　D. S500

3. 下列指令中属于辅助功能的是（　　）。

A. M03　　B. G90　　C. Y30.0　　D. S600

4. 在程序执行过程中，结束后返回程序开头的代码是（　　）。

A. M99　　B. M17　　C. M02　　D. M30

5. 主程序结束，可使程序返回至开始状态，其指令为（　　）。

A. M00　　B. M02　　C. M05　　D. M30

6. M06 指令的含义是（　　）。

A. 主轴准停　　B. 工件交换

C. 刀具交换　　D. 不指定

7. 辅助功能 M04 代码表示（　　）。

A. 程序暂停　　B. 打开切削液

C. 主轴停止　　D. 主轴反转

8. 辅助功能 M03 代码表示（　　）。

A. 程序停止　　B. 打开切削液

C. 主轴停止　　D. 主轴顺时针转动

9. 铣刀每转进给量 $f=0.64$ mm/r，主轴转速 $n=75$ r/min，铣刀齿数 $z=8$，则编程时的进给速度为（　　）mm/min。

A. 48　　B. 12　　C. 0.08　　D. 8

三、判断题

1. 程序用 M02 指令结束，执行后光标并不能返回第一个程序段。（　　）

2. 程序段“N10 S500 M03;”的含义为指定主轴以 500 r/min 的转速正转。（　　）

3. 准备功能字 G 代码主要用来控制机床主轴的开停、切削液的开关和工件的夹紧与松开等机床准备动作。（　　）

4. M30 指令表示主程序结束，程序自动运行至此处，程序停止运行，系统自动复位一次。（　　）

5. M00 指令表示程序无条件暂停，执行该指令后，所有运转部件停止运动，且所有模态信息丢失。（　　）

6. 当前我国使用的各种数控系统只允许使用两位数的 G 代码。 ( )
7. ISO 标准规定了 G 代码和 M 代码共 100 种。 ( )
8. 在任何程序段中 F 都表示进给速度。 ( )
9. 轮廓控制的数控机床必须对进给运动的位置和运动速度两方面同时实现控制。 ( )
10. M00 指令属于准备功能，其含义是主轴停转。 ( )
11. 执行 M00 指令时，数控系统使进给运动停止，但主轴回转，切削液不停止。 ( )
12. 同组模态 G 代码可以放在同一个程序段中，而且与顺序无关。 ( )
13. 当加工精度、表面质量要求较高时，进给速度应选得大些。 ( )
14. M99 指令与 M30 指令的功能是一致的，它们都能使机床停止一切动作。 ( )
15. 恒线速控制的原理是当工件的直径越大时，工件转速越慢。 ( )
16. 进给功能一般用来指令机床主轴的转速。 ( )

四、名词解释

1. 模态

2. 进给功能

3. 主轴功能

4. 准备功能

5. 辅助功能

第五节　刀具补偿功能

一、填空题

1. 对于FANUC系统数控车床，在地址T后用4位数字表示T功能，前两位表示刀架的＿＿＿＿＿＿号，后两位表示刀具的＿＿＿＿＿＿号。

2. 铣削刀具长度补偿设置的方法有＿＿＿＿＿＿＿＿、＿＿＿＿＿＿＿＿、＿＿＿＿＿＿＿＿和编程法。

3. 三维刀具半径补偿的建立用＿＿＿＿实现。取消三维刀具半径补偿用＿＿＿＿实现，或“RESET”或“MANUAL CLEAR CONTROL”键。

4. 在FANUC系统数控铣削加工中，G41指令的含义是＿＿＿＿＿＿＿，指令书写格式为＿＿＿＿＿＿＿＿＿＿＿＿＿＿＿＿。

二、选择题

1. 程序段“G41 G01 X16.0 Y16.0 D16;”中的D16表示（　　）。

A. 刀具的直径是16 mm　　B. 刀具的半径是16 mm
C. 刀具在半径方向的偏移量是16 mm　　D. 刀具补偿存储器的地址是16

2. 用ϕ10 mm刀具进行轮廓的粗、精加工时，要求精加工余量为0.5 mm，则粗加工刀具半径补偿量是（　　）mm。

A. 5.5　　B. 5　　C. 9.5　　D. 10.5

3. 刀具长度补偿指令（　　）是将H代码指定的偏置值加到运动指令终点坐标上。

A. G48　　B. G49　　C. G43　　D. G44

4. 刀具长度补偿指令（　　）是将运动指令终点坐标减去H代码指定的偏置值。

A. G48　　B. G49　　C. G43　　D. G44

5. 取消刀具长度补偿指令是（　　）。

A. G40　　B. G41　　C. G43　　D. G49

6. 在数控加工中，刀具半径补偿功能除对刀具半径进行补偿外，在用同一把刀进行粗、精加工时，还可进行加工余量的补偿，设刀具半径为r，精加工时半径方向的余量为Δ，则最后一次粗加工的刀具半径补偿量为（　　）。

A. $r+\Delta$　　B. r　　C. Δ　　D. $2r+\Delta$

7. 影响刀具半径补偿值的主要因素是（　　）。

A. 进给量　　B. 切削速度　　C. 背吃刀量　　D. 刀具半径

8. 刀具半径补偿的建立一般通过（　　）指令来实现。

A. G01或G02　　B. G00或G03
C. G02或G03　　D. G00或G01

9. 程序中指定了（　　）指令时，刀具半径补偿被取消。

A. G40　　B. G41　　C. G42　　D. H00

10. 关于编程时使用刀具补偿所具有的优点，下列说法中错误的是（　　）。

A. 计算方便　　B. 编制程序简单

C. 便于修正尺寸　　D. 便于测量

11. 用于机床刀具编号的指令是（　　）代码。

A. F　　B. T　　C. M　　D. G

12. 应用刀具半径补偿时，如刀具补偿值设置为负值，则刀具轨迹是（　　）。

A. 右补偿　　B. 不能补偿

C. 左补偿　　D. 左补偿变右补偿，右补偿变左补偿

13. 数控加工中心应用刀具长度补偿功能时，当第二把刀比标准刀长 30 mm，H02 参数中输入正值 30 时，程序段中刀具长度补偿指令是（　　）。

A. G41　　B. G42　　C. G43　　D. G44

14. 在程序段“G43 G01 Z5.0 H5;”中，H5 表示（　　）。

A. *Z* 轴的位置是 5　　B. 刀具表的地址是 5

C. 长度补偿值是 5　　D. 半径补偿值是 5

三、判断题

1. T1001 表示刀具选择，其作用为选择一号刀具和一号刀补。（　　）

2. 刀具补偿功能包括刀具补偿的建立、刀具补偿的执行和刀具补偿的取消三个阶段。（　　）

3. 在 FANUC 系统中，指令 T0101 和指令 T0201 使用的是同一刀具补偿存储器中的值。（　　）

4. 刀具补偿存储器内可以存入负值。（　　）

5. G41/G42/G40 为模态指令，数控机床的初始状态为 G40。（　　）

6. 刀具补偿程序段内有 G00 指令或 G01 指令才有效。（　　）

7. 在使用 G41 指令和 G42 指令之后的程序段内不能出现连续两个或两个以上的不移动指令，否则 G41 指令和 G42 指令会失效。（　　）

8. Tab 中 a 代表刀具补偿号，b 代表刀具号。（　　）

9. 数控车床的换刀需在机床主轴准停后进行。（　　）

10. 刀具半径补偿功能主要是针对刀位点在圆心位置上的刀具而设定的，它根据实际尺寸进行自动补偿。（　　）

11. 取消刀具长度补偿可以用 H00。（　　）

12. 刀具长度补偿存储器中的偏置值既可以是正值，也可以是负值。（　　）

13. 对于任何曲线，都可以按实际轮廓编程，应用刀具补偿加工出所需要的轮廓。（　　）

14. 对于没有刀具半径补偿功能的数控系统，编程时不需要计算刀具中心的运动轨迹，可按零件轮廓编程。（　　）

15. 在零件轮廓铣削加工中，若采用刀具半径补偿指令编程，则刀具补偿的建立与取消应在零件轮廓上进行，这样的程序才能保证零件的加工精度。（　　）

16. G41 指令后面可以跟 G01、G00、G02、G03 等指令。（　　）

17. 刀具半径补偿在程序结束时自动取消。 （ ）

18. 在加工中心上可以同时预置多个加工坐标系。 （ ）

19. 采用机械手换刀时主轴必须准停。 （ ）

20. 任意选择刀具的优点是刀库中刀具排列顺序与工件加工顺序无关，相同的刀具可重复使用。 （ ）

21. 某不带机械手的加工中心，刀库中有 24 个刀位，则此机床一共可装 25 把刀具。 （ ）

四、简答题

1. 如何判断刀具半径左、右补偿？

2. 使用刀具半径补偿指令时应注意哪些问题？

第六节　手工编程的数值计算

一、填空题

数值计算的内容包括__________与坐标值计算，其中坐标值计算包括__________和__________。

二、选择题

1. 采用等插补误差法加工非圆曲线时，各插补段的误差相等，都小于实际误差，一般为实际误差的（ ）。

A. 1/3 ~ 1/2　　B. 1/6 ~ 1/4

C. 4/100 ~ 6/100　　D. 1/5 ~ 1/3

2. 直线方程的标准形式为 $y = kx + b$，其中 b 是（ ）。

A. 直线的斜率　　B. 直线在 X 轴上的截距

C. 直线在 Y 轴上的截距　　D. 直线在 Z 轴上的截距

3. 圆的一般方程为 $x^2 - 12x + y^2 - 12y + 47 = 0$，则该圆的圆心坐标及半径分别为（ ）。

A. (6，-6)，6　　B. (-6，6)，10

C. (6，6)，5　　D. (12，6)，5

三、名词解释

1. 基点

2. 节点

四、简答题

1. 计算图 1-2 所示零件的数控编程基点坐标。

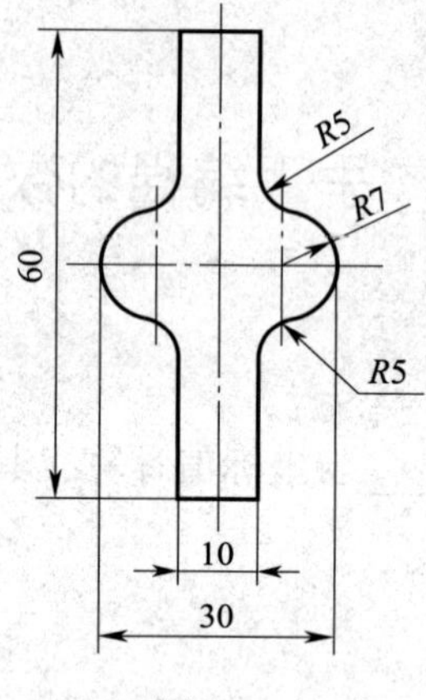

图 1-2

2. 计算图 1－3 所示零件的数控编程基点坐标。

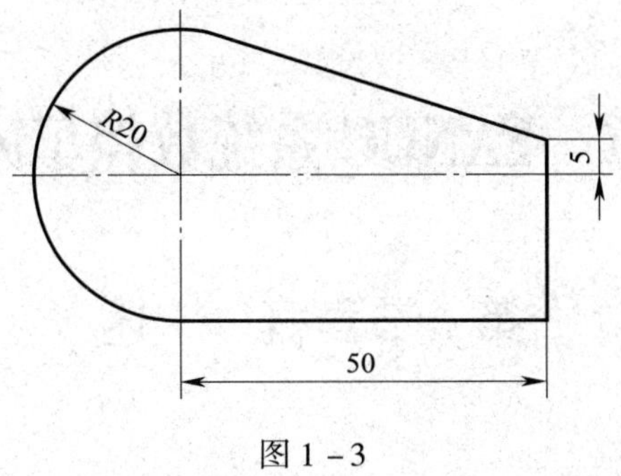

图 1－3

3. 计算图 1－4 所示零件的数控编程基点坐标。

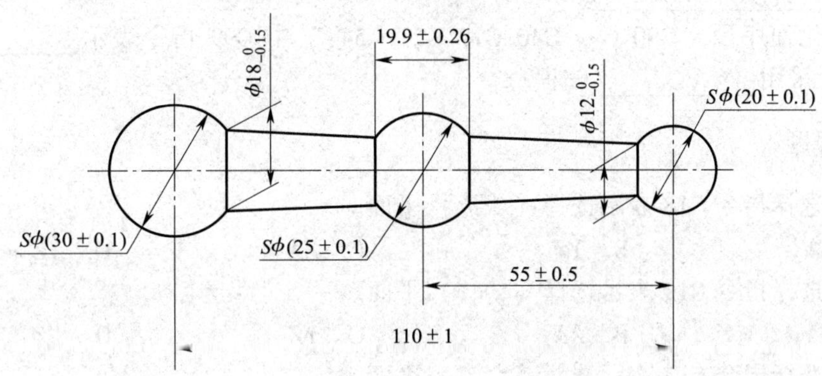

技术要求

1. 两端不准留中心孔。
2. 用锉刀、砂纸修饰表面。

材料：45钢　件数：2

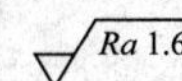

图 1－4

第二章 FANUC 系统数控车床编程

第一节 概 述

一、填空题

1. 进给速度的单位用 G98 指令和 G99 指令指定，_______表示与主轴转速无关的每分钟进给量，_______表示与主轴转速有关的每转进给量。

2. FANUC 系统采用________________进行英制/米制的切换。

3. 增量值编程是用________________的坐标增量来表示坐标值的编程方法，程序中用 U、W 表示，其正负由行程方向确定，当行程方向与工件坐标轴方向____时为正，反之为负。

4. 在 FANUC 系统中，G17 指令表示______________，G18 指令表示______________，G91 指令表示________________。

5. 初始化程序段“G90 G99 G40 G17 G21 G54;”中 G99 指令表示______________，G21 指令表示采用____________编程。

二、选择题

1. 平面选择指令 G18 表示选择（　　）平面。

A. *XY*　　B. *YZ*　　C. *ZX*　　D. *XZ*

2. 平面选择指令 G19 表示选择（　　）平面。

A. *XY*　　B. *ZX*　　C. *YZ*　　D. *XZ*

3. 平面选择指令 G17 表示选择（　　）平面。

A. *XY*　　B. *YZ*　　C. *ZX*　　D. *YC*

4. 在数控车床的下列指令中，属于开机默认指令的是（　　）。

A. G17　　B. G18　　C. G19　　D. G20

5. 某轴尺寸为 $\phi20_{-0.052}^{\ 0}$ mm，机床脉冲当量为 0.001 mm/脉冲，编程时该尺寸应为（　　）mm。

A. 19.974　　B. 19.98　　C. 19.97　　D. 19.980

6. 某孔尺寸为 $\phi20_{\ 0}^{+0.056}$ mm，机床脉冲当量为 0.01 mm/脉冲，编程时该尺寸应为（　　）mm。

A. 20.028　　B. 20.02　　C. 20.03　　D. 20.020

7. 某轴尺寸为 $\phi50_{-0.05}^{\ 0}$ mm，机床脉冲当量为 0.01 mm/脉冲，编程时该尺寸应为（　　）mm。

A. 49.975　　B. 49.98　　C. 49.99　　D. 49.980

8. 某孔尺寸为 $\phi16^{+0.07}_{0}$ mm，机床脉冲当量为 0.001 mm/脉冲，编程时该尺寸应为（　　）mm。

A. 16.035　　B. 16.03　　C. 16.04　　D. 16.030

三、判断题

1. FANUC 系统数控车床在输入程序时可以加小数点。（　　）

2. 数控编程有绝对值编程和增量值编程两种方式，使用时不能将它们放在同一程序段中。（　　）

3. FANUC 数控系统使用 G91 指令表示增量坐标，而用 G90 指令表示绝对坐标。（　　）

4. 数控车床上一般将工件坐标系原点设定在零件右端面或左端面中心上。（　　）

5. 数控车床在输入程序时，无论采用的是哪种系统，无论坐标值是整数或小数，都不必加小数点。（　　）

6. 增量尺寸由机床运动部件坐标尺寸值相对于前一位置给出。（　　）

7. 由于数控车床具有直线插补和圆弧插补功能，所以所有数控车床都可以车削由任意直线和曲线组成的形状复杂的回转体零件轮廓。（　　）

8. 通电后，机床的默认状态为米制状态。（　　）

9. 增量值方式是指控制位置的坐标值均以机床某一固定点为原点来计算计数长度。（　　）

第二节　常用功能指令

一、填空题

1. 用程序段"G03 X50.0 Z－20.0 R－10.0;"加工的圆弧，其圆心角的范围为____________。

2. 钻孔加工到达孔底部时，应设置__________，以保证孔底的加工质量。

3. 程序段"G50 S300;"中 S 值的单位是______________。

4. G03 指令表示______________________，G04 指令表示____________________________。

5. 程序段"G28 X30.0 Z100.0;"中的 X30.0 Z100.0 是________点坐标，程序段"G29 X30.0 Z100.0;"中的 X30.0 Z100.0 是________点坐标。

6. 用 G01 指令攻螺纹时，F 与 S 的关系是____________________。

7. G00 指令两坐标运动时，刀具先______________，然后______________。

8. FANUC 数控系统加工圆弧时，当用绝对值编程时，X、Z 值为圆弧终点在__________中的坐标值；当用增量值编程时，U、W 值为__________的距离，也就是__________的增量坐标。

二、选择题

1. 精车球面时，应（　　）。

A. 提高主轴转速　　B. 提高进给速度

C. 提高中、小滑板的进给量　　D. 降低进给速度

2. 在数控车床坐标系中做平行于机床主轴的直线运动的是（　　）轴。

A. X　　B. Z　　C. Y　　D. A

3. 在 FANUC 系统中，程序段“G04 X10.0;”表示刀具（　　）。

A. 增量移动 10.0 mm　　B. 到达绝对坐标 X10.0 处

C. 暂停 10 s　　D. 暂停 0.01 s

4. 下列指令中，不会使机床产生任何运动，但会使机床屏幕显示的工件坐标值发生变化的指令是（　　）。

A. G00 X __ Y __ Z __;　　B. G01 X __ Y __ Z __;

C. G03 X __ Y __ Z __;　　D. G50 X __ Y __ Z __;

5. 数控车床的标准坐标系是以（　　）来确定的。

A. 绝对坐标系　　B. 相对坐标系

C. 工件坐标系　　D. 右手笛卡儿直角坐标系

6. 程序段“G50 X200.0 Z100.0;”表示（　　）。

A. 机床回零　　B. 原点检查

C. 刀具定位　　D. 工件坐标系设定

7. G52 指令是（　　）。

A. 工件坐标系设定指令　　B. 工件坐标系选取指令

C. 局部坐标系设定指令　　D. 机械坐标系设定指令

8. 数控车床除可用 G54 ~ G59 指令设置工件坐标系外，还可用（　　）确定工件坐标系原点位置。

A. G50　　B. G92　　C. G49　　D. G52

9. 在以（　　）设定的坐标系中，必须将对刀点作为刀具相对于工件运动的起点。

A. G52　　B. G53　　C. G54　　D. G50

10. 圆弧编程中的 I、K 值是指（　　）的矢量值。

A. 起点到圆心　　B. 终点到圆心

C. 圆心到起点　　D. 圆心到终点

11. 程序段“G03 X20.0 Z-10.0 R10.0 I0 K-10.0;”中实际采用的是（　　）。

A. 终点坐标与半径编程　　B. 终点坐标与圆心编程

C. 起点坐标与半径编程　　D. 起点坐标与圆心编程

12. 在数控加工中，如果圆弧指令后的半径遗漏，则机床（　　）。

A. 按直线指令执行　　B. 按圆弧指令执行

C. 停止　　D. 报警

13. 当执行完程序段“G00 X20.0 Z30.0; G01 U10.0 W20.0 F100; X-40.0 W-70.0;”后，刀具所到达的坐标位置为（　　）。

A. X -40.0, Z -70.0　　B. X -10.0, Z -20.0

C. X -10.0, Z -70.0　　D. X -40.0, Z -20.0

14. 在数控车床上，刀尖圆弧只有在加工（　　）时才产生加工误差。

A. 端面　　B. 圆柱

C. 圆弧面　　D. 以上选项都有可能

15. 圆弧插补方向（顺时针和逆时针）的规定与（　　）有关。

A. *X* 轴　　B. *Y* 轴

C. *Z* 轴　　D. 不在圆弧平面内的坐标轴

16. G00 指令定位过程中，刀具所经过的路径是（　　）。

A. 直线　　B. 曲线

C. 圆弧　　D. 连续多段线

17. 同一程序段中指定同组 G 代码时（　　）。

A. 中间指定的有效　　B. 最初指定的有效

C. 都有效　　D. 最后指定的有效

18. 下列指令中，无须用户指定速度的是（　　）。

A. G00　　B. G01　　C. G02　　D. G03

19. FANUC 系统返回 *Z* 向参考点指令“G28 W0;”中的 W0 是指（　　）。

A. *Z* 向参考点　　B. 工件坐标系 Z0 点

C. *Z* 向中间点与刀具当前点重合　　D. *Z* 向机床原点

20. 下列选项中说法错误的是（　　）。

A. G02 是模态指令

B. “G04 X3.0;”表示暂停 3 s

C. “G33 Z __ F __;”中的 F 值表示进给量

D. G41 是刀具半径左补偿指令

21. 为了实现暂停 5 s，下列指令正确的是（　　）。

A. G04 P5000;　　B. G04 P500;

C. G04 P50;　　D. G04 P5;

22. “G04 P __;”表示（　　）。

A. 暂停时间（s）　　B. 暂停主轴旋转

C. 暂停时间（min）　　D. 暂停时间（ms）

23. 影响数控车床加工精度的因素很多，提高加工工件的质量有很多措施，但下列选项中不能提高加工精度的是（　　）。

A. 将绝对编程改为增量编程

B. 正确选择车刀类型

C. 控制刀尖中心高度误差

D. 减小刀尖圆弧半径对加工的影响

24. 在数控车床系统中，下列指令中用于恒线速控制的是（　　）。

A. G97 S __;　　B. G96 S __;　　C. G01 F __;　　D. G98 S __;

25. 由于数控车床具有（　　）功能，所以可选用最佳线速度来切削圆锥面和端面，使车削后的表面粗糙度值小且一致。

A. 直线插补　　　　　　　　　　B. 圆弧插补

C. 恒转速切削　　　　　　　　　D. 恒线速切削

26. 程序段“G96 S150;”表示切削点线速度控制在（　　）。

A. 150 m/min　　　　　　　　B. 150 r/min

C. 150 mm/min　　　　　　　D. 150 mm/r

27. 数控车削恒线速功能可在加工直径变化的零件时（　　）。

A. 提高尺寸精度　　　　　　　B. 保持表面粗糙度值一致

C. 增大表面粗糙度值　　　　　D. 提高形状精度

28. 数控车床主轴以 800 r/min 的转速正转时，其程序段应是（　　）。

A. M03 S800;　　　　　　　　B. M04 S800;

C. M05 S800;　　　　　　　　D. M08 S800;

三、判断题

1. G53 指令的功能是选择机床坐标系或取消坐标系零点偏置。（　　）

2. 圆弧加工程序中若圆心坐标 I、J、K 和半径 R 同时出现时，程序按半径 R 执行，I、J、K 不起作用。（　　）

3. 当用 G02、G03 指令进行圆弧编程时，圆心坐标 I、J、K 为圆弧终点到圆弧中心所作矢量分别在 X、Y、Z 坐标轴上的分矢量（矢量方向指向圆心）。（　　）

4. 程序中指定的圆弧插补进给速度是指圆弧切线方向的进给速度。（　　）

5. 圆弧插补中，对于整圆，其起点和终点重合，用 R 值编程无法定义，所以只能用圆心坐标编程。（　　）

6. 顺时针圆弧插补（G02）和逆时针圆弧插补（G03）的方向判别方法：沿着不在圆弧平面内的坐标轴正方向向负方向看去，顺时针方向为 G02，逆时针方向为 G03。（　　）

7. G01 指令格式中 F 指定的速度是做直线运动的刀具速度。（　　）

8. G00、G01 指令都能使机床坐标轴准确到位，因此它们都是插补指令。（　　）

9. G00 指令可以用于切削加工。（　　）

10. G00 指令可使刀具以机床设定的最高位移速度前进至所指定的位置。（　　）

11. G01 为模态指令，可由 G00、G02、G03 或 G33 指令注销。（　　）

12. G00 指令的快速进给速度不能用地址 F 指定，可用操作面板上的进给修调按钮调整。（　　）

13. G00、G01 指令的运动轨迹路线相同，只是设计速度不同。（　　）

14. 程序段“G04 X3.0;”表示暂停 3 ms。（　　）

15. 对于所有数控机床来说，如果在 G01 程序段之前的程序段内没有 F 指令，且现在的 G01 程序段中也没有 F 指令，则机床不运动。（　　）

16. 数控机床用恒线速控制加工端面、圆锥面和圆弧时，必须限制主轴的最高转速。（　　）

17. 数控车床的特点是沿 Z 轴进给 1 mm，零件的直径减小 2 mm。（　　）

18. 数控车床 Z 轴上的圆心坐标一般用 K 值表示。（　　）

19. 自动返回参考点 G28 指令需设定中间点，其主要目的是防止刀具在返回参考点过程中与工件或夹具发生干涉。（　　）

20. 程序段“N003 G01 X28.0 Z-8.0;”中没有 F 指令，因此是错误的。（　　）

21. 使用数控车床的自动对刀装置对刀，数控系统能够自动确定刀具位置补偿值，操作者不必再输入。（　　）

22. 对于既有内表面又有外表面需要加工的轴套类零件，为了提高加工效率，加工顺序可考虑内、外表面交叉进行。（　　）

23. 程序段“G98 G01 … F1.5;”表示刀具的进给速度是 1.5 mm/min。（　　）

四、简答题

简述 G00 指令与 G01 指令的主要区别。

五、编程题

1. 编写图 2－1 所示零件的加工程序。

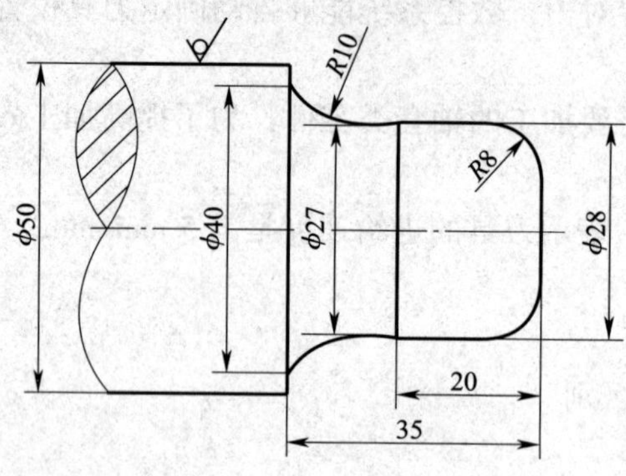

材料：45钢

$\sqrt{Ra\ 3.2}$ ($\sqrt{}$)

图 2－1

2. 编写图 2－2 所示零件的加工程序。

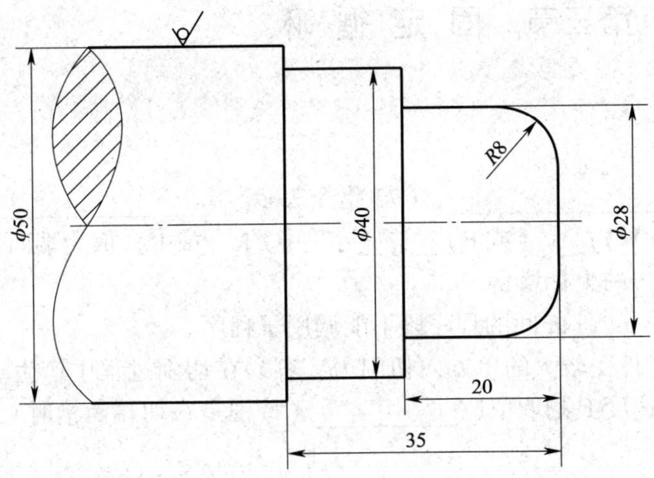

材料：45钢

$\sqrt{Ra\ 3.2}$ （$\sqrt{}$）

图 2－2

第三节 固定循环

一、填空题

1. G71 指令表示________________，G73 指令表示________________。

2. 指令“G94 X(U)__ Z(W)__ K（或R）__ F __；”中，K（或R）值为端面切削起点至终点位移在____________的坐标增量。

3. ____________中 ns 到 nf 间的程序段不能调用子程序。

4. 切槽过程中，刀具或工件受较大的单方向切削力，容易在切削过程中产生__________，因此，切槽过程中进给速度 F 的取值应________（特别是在切端面槽时），通常取______________。

5. 成形加工复合循环也称为固定形状粗车循环，适用于加工______________毛坯。

6. 端面粗车循环指令的含义与 G71 指令类似，不同之处是刀具平行于______轴方向切削，该循环方式适用于长径比较小的________工件端面方向的粗车。

7. 对外径车削，锥度左大右小，则 R 值为______，反之为______。对内孔车削，锥度左小右大，则 R 值为______，反之为______。

二、选择题

1. 圆锥切削循环指令是（　　）。

A. G90　　B. G92　　C. G94　　D. G96

2. 程序段“N50 G71 U2.0 R0.1；N60 G71 P70 Q130 U2.0 W2.0 F0.3；”中的 R0.1 表示（　　）。

A. 背吃刀量　　B. 退刀量　　C. 精加工余量　　D. 切削次数

3. 下列指令中，可用于加工端面槽的是（　　）。

A. G73　　B. G74　　C. G75　　D. G76

4. G41/G42 程序段中必须含有（　　）指令才能生效。

A. G00/G01　　B. G02/G03　　C. G00/G02　　D. G01/G03

5. 刀具半径左补偿是（　　）。

A. 沿刀具运动方向看，工件位于刀具左侧

B. 沿工件运动方向看，工件位于刀具左侧

C. 沿工件运动方向看，刀具位于工件左侧

D. 沿刀具运动方向看，刀具位于工件左侧

6. 数控车床车削外圆时，由于刀具磨损使工件直径大了 0.02 mm，此时利用设置刀具偏置中的磨损量进行补偿，输入的补偿值为（　　）mm。

A. +0.02　　B. +0.01　　C. −0.02　　D. −0.01

7. 在 FANUC 系统中，程序段“G90 X50 Z−60 R−2 F0.1；”完成的是（　　）单次

循环加工。

A. 圆柱面　　B. 圆锥面　　C. 圆弧面　　D. 螺纹

8. 在 FANUC 系统中，程序段“G90 X(U)__ Z(W)__ R __ F __;”中的 R 值是指所切削圆锥面 X 方向的（　　）。

A. 起点坐标 - 终点坐标　　B. 终点坐标 - 起点坐标

C.（起点坐标 - 终点坐标）/2　　D.（终点坐标 - 起点坐标）/2

9. 为了高效切削铸锻成形、粗车成形的工件，避免过多的空走刀，选用（　　）指令作为粗加工循环指令较合适。

A. G71　　B. G72　　C. G73　　D. G74

10. 在 FANUC 系统中，（　　）指令是精加工指令。

A. G70　　B. G71　　C. G72　　D. G73

11. 在 FANUC 系统中，（　　）指令用于内、外圆切槽或钻孔。

A. G71　　B. G72　　C. G73　　D. G75

12. “G71 U(Δd) R(e); G71 P(ns) Q(nf) U(Δu) W(Δw) F __ S __ T __;”中的 Δd 表示（　　）。

A. X 向每次进刀量（半径值）　　B. X 向每次进刀量（直径值）

C. X 向精加工余量（半径值）　　D. X 向精加工余量（直径值）

13. “G71 U(Δd) R(e); G71 P(ns) Q(nf) U(Δu) W(Δw) F __ S __ T __;”中的 Δu 表示（　　）。

A. X 向每次进刀量（半径值）　　B. X 向每次进刀量（直径值）

C. X 向精加工余量（半径值）　　D. X 向精加工余量（直径值）

14. “G73 U(Δi) W(Δu) R(d); G73 P(ns) Q(nf) U(Δu) W(Δw) F(f) S(s) T(t);”中的 d 表示（　　）。

A. Z 向精加工余量　　B. 加工循环次数

C. Z 向粗加工余量　　D. 背吃刀量

15. 在 FANUC 系统的 G72 循环中，顺序号为 ns 的程序段必须（　　）。

A. 沿 X 向进刀，且不能出现 Z 坐标

B. 同时沿 X 向和 Z 向进刀

C. 沿 Z 向进刀，且不能出现 X 坐标

D. 无特殊要求

16. G73 指令格式中表示 X 向精加工余量的是（　　）。

A. Δw　　B. Δu　　C. ns　　D. nf

17. FANUC 车床数控系统中的 G94 指令是（　　）指令。

A. 每分钟进给量　　B. 每转进给量

C. 单一外圆切削循环　　D. 单一端面切削循环

18. FANUC 数控车削复合固定循环指令从 ns 到 nf 的程序段中出现（　　）指令时，不会出现程序报警。

A. 固定循环　　B. 回参考点

C. 螺纹切削　　D. 90°~180°圆弧加工

19. 在“G75 R(e)；G75 X(U)__ Z(W)__ P(Δi) Q(Δk) R(Δd) F__；”中，(　　) 表示 Z 向每次移动量。

A. e　　B. Δk　　C. Δi　　D. Δd

20. 关于指令格式“G75 R(e)；G75 X(U)__ Z(W)__ P(Δi) Q(Δk) R(Δd) F__；”中的 R (e)，下列描述不正确的是 (　　)。

A. 表示退刀量　　B. 表示半径量

C. 是模态值　　D. 有正负值之分

21. 关于指令格式“G75 R(e)；G75 X(U)__ Z(W)__ P(Δi) Q(Δk) R(Δd) F__；”中 (　　) 表示 X 向每次切入量，用半径值编程。

A. e　　B. Δk　　C. Δi　　D. Δd

22. 关于指令格式“G75 R(e)；G75 X(U)__ Z(W)__ P(Δi) Q(Δk) R(Δd) F__；”中的 P(Δi)，下列描述不正确的是 (　　)。

A. 表示每次切深量　　B. 表示直径量

C. 始终为正值　　D. 不带小数点

23. 关于指令格式“G75 R(e)；G75 X(U)__ Z(W)__ P(Δi) Q(Δk) R(Δd) F__；”中 (　　) 表示分层切削的每次退刀量。

A. e　　B. Δk　　C. Δi　　D. Δd

24. 当指令格式“G74 R(e)；G74 X(U)__ Z(W)__ P(Δi) Q(Δk) R(Δd) F__；”用于啄式钻孔时，下列参数中 (　　) 的值须为 0。

A. e　　B. Z(W)__　　C. Δi　　D. Δk

25. 程序中同样轨迹的加工部分可以制作成一个程序，称为 (　　)，其余相同的加工部分通过调用该程序即可。

A. 调用程序　　B. 固化程序　　C. 循环程序　　D. 子程序

三、判断题

1. 对表面质量要求较高的表面，应选用恒转速切削。 (　　)

2. 用刀尖点编出的程序在进行倒角、圆锥面及圆弧切削时，会产生少切或过切现象。 (　　)

3. 确定数控车削精加工余量时应考虑热变形的影响。 (　　)

4. 在数控车床上车削圆锥面和端面时，如果转速恒定不变，则车削后的表面粗糙度值一致；如果采用恒线速，车削后的表面粗糙度值比较大。 (　　)

5. 在编辑工作方式下可实现数控零件加工程序的输入。 (　　)

6. 增大背吃刀量可使进给次数减少，增大进给量有利于断屑。 (　　)

7. 对所有数控车床来说，在进行刀尖圆弧半径补偿时，要在指令中指明补偿号，如果没写补偿号，就认为补偿量为零。 (　　)

8. FANUC 数控系统允许同时在 X 轴和 Z 轴方向实现刀具长度补偿。 (　　)

9. 刀具位置补偿功能由程序段中的 T 代码实现。 (　　)

10. 调用刀具必须在取消刀具补偿状态下进行。 (　　)

11. 数控车床加工过程中可以根据需要改变主轴转速和进给速度。 (　　)

12. 数控车床与普通车床用的可转位车刀一般有本质的区别，其基本结构、功能特点都不相同。（　　）

13. 简单轴类零件的加工余量较大时，采用固定循环指令可简化编程。（　　）

14. FANUC 数控车削复合固定循环程序中能进行子程序的调用。（　　）

15. 使用 G71 循环指令进行粗加工时，在 ns 至 nf 程序段中的 F、S、T 值是有效的。（　　）

16. 外圆粗车循环方式适用于加工需除去较大余量的棒料毛坯。（　　）

17. 如果 ns 至 nf 程序段中没有给出 F、S 值，则 G70 指令执行过程中沿用 G71 指令执行时的 F、S 值。（　　）

18. FANUC 0i 系统 G71 循环指令的 ns 至 nf 程序段编写了非单调变化的轮廓，则在 G71 指令执行过程中会产生程序报警。（　　）

19. FANUC 系统单一固定循环指令 G90 中的 R 值有正负之分。（　　）

20. FANUC 系统 G94 循环指令中的 X（U）、Z（W）值均为模态值。（　　）

21. FANUC 系统单一固定循环指令 G90 中的进给量 F 必须在本程序段中指定，不能沿用之前指定的 F 值。（　　）

22. 用 G71 循环指令加工的轮廓形状没有单调递增或单调递减形式的限制。（　　）

23. G71 循环指令中的 R 值是指粗加工过程中 *X* 方向的退刀量，该值为半径量。（　　）

24. 在 FANUC 系统的 G71 循环指令中，ns 至 nf 程序段必须沿 *X* 向进刀，且不能出现 *Z* 轴的运动指令，否则会出现程序报警。（　　）

25. G74 循环指令一般用于端面切槽加工和端面深孔钻削加工。（　　）

26. 用 G73 循环指令加工的轮廓形状没有单调递增或单调递减形式的限制。（　　）

27. G75 循环指令执行过程中，*X* 向每次切深量均相等。（　　）

28. 执行 G75 循环指令，刀具完成一次径向切削后，*Z* 向的偏移方向由指令中 P 值的正负号确定。（　　）

29. 仿形粗车循环方式适用于加工已基本铸造或锻造成形的工件。（　　）

30. G75 循环指令中的 *Z* 向偏移量应小于刀宽，否则在程序执行过程中会产生程序出错报警。（　　）

31. 当加工精度、表面质量要求较高时，进给速度应选得大些。（　　）

四、简答题

1. 如何确定圆锥切削循环指令 G90 的循环起点及 R 值？

2．试写出内、外圆粗车复合循环指令 G71 的格式，并说明指令中各参数的含义。

3．外圆粗车循环时，G71 指令的循环起点应如何确定？内孔加工时，G71 指令的循环起点应如何确定？

4．试写出端面粗车复合循环指令 G72 的格式，并说明指令中各参数的含义。端面粗车复合循环指令 G72 的循环起点应如何确定？

5．试写出切槽循环指令 G75 的格式，并说明指令中各参数的含义。切槽循环指令 G75 的循环起点应如何确定？

6．试写出端面切槽循环指令 G74 的格式，并说明指令中各参数的含义。端面切槽循环指令 G74 的循环起点应如何确定？

五、编程题

1. 编写图 2－3 所示零件的加工程序。

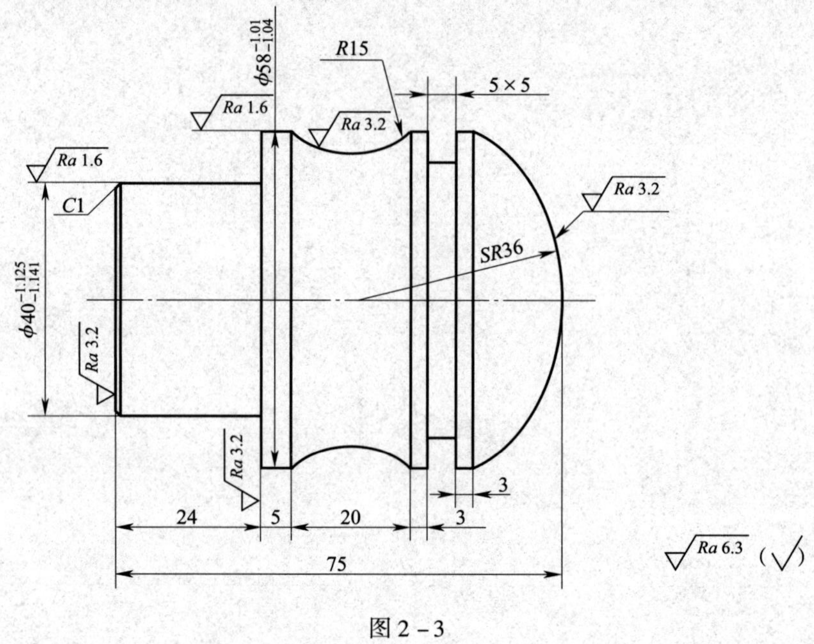

图 2－3

2. 编写图 2－4 所示零件的加工程序，毛坯尺寸为 ϕ50 mm×70 mm。

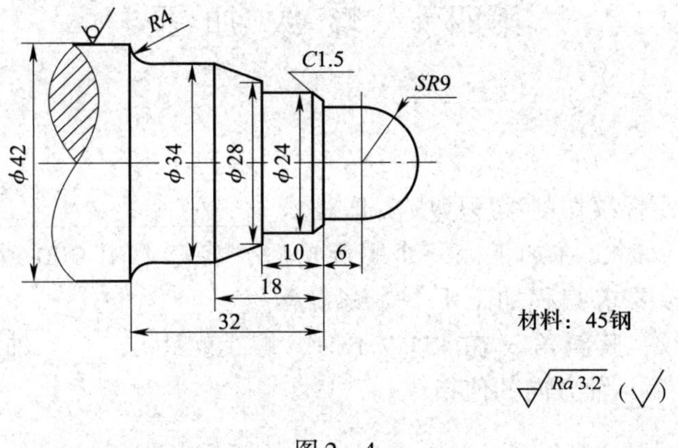

图 2－4

第四节　螺纹加工

一、填空题

1. 在 G34 变螺距螺纹切削程序段中 K 值表示___________________________。

2. 加工多线螺纹时，在加工完一个螺旋槽后，将车刀用 G00 或 G01 方式移动一个____________，再按要求编程加工下一个螺旋槽。

3. 对于圆锥螺纹，其斜角 α 在 45°以下时，螺纹螺距以______轴方向的值指令；α = 45°～90°时，以________轴方向的值指令。

二、选择题

1. 车螺纹时要使用（　　）指令进行主轴转速的控制。

A. G96　　B. G97　　C. G98　　D. G99

2. 指令格式“G32 X(U)__ Z(W)__ F__;”中的 F 值表示(　　)。

A. 主轴转速　　B. 进给速度
C. 螺纹螺距　　D. 背吃刀量

3. 关于 FANUC 系统指令格式“G32 X(U)__ Z(W)__ F__ Q__;”中的 Q 值，下列描述不正确的是（　　）。

A. 该值是螺纹起始角　　B. 该值不带小数点
C. 单位为 0.001°　　D. 该值是模态值

4. 用 FANUC 系统 G92 指令加工双线螺纹，该指令格式“G92 X(U)__ Z(W)__ F__;”中的 F 值是指（　　）。

A. 螺纹导程　　B. 螺纹螺距
C. 每分钟进给量　　D. 螺纹起始角

5. （　　）指令适用于对圆柱螺纹和圆锥螺纹进行循环切削，每指定一次，螺纹切削自动进行一次循环加工。

A. G32　　B. G92　　C. G76　　D. G34

6. 下列 FANUC 系统指令中，可用于变螺距螺纹加工的是（　　）。

A. G32　　B. G34　　C. G92　　D. G76

7. 用 G33 指令加工圆锥螺纹时，当锥角大于 45°时，其编写格式为（　　）。

A. G33 X__ I__;　　B. G33 Z__ K__;
C. G33 X__ Z__ I__;　　D. G33 X__ Z__ K__;

8. 在加工螺纹时，应适当考虑其车削开始时的导入距离，该值一般取（　　）较为合适。

A. 1～2 mm　　B. P　　C. $2P$～$3P$　　D. 5～10 mm

9. FANUC 系统螺纹复合循环指令格式“G76 P(m)(r)(α) Q(Δd_{min}) R(d); G76 X(U)__ Z(W)__ R(i)__ P(k)__Q(Δd) F__;”中的 d 值是指（　　）。

A. X 向的精加工余量　　　　　　　　B. X 向的退刀量

C. 第一刀切深量　　　　　　　　　　　D. 螺纹总切深量

10. G76 螺纹切削复合固定循环指令格式中的（　　）表示第一刀切深量。

A. r　　　　B. α　　　　C. i　　　　D. Δd

11. 在执行指令“G76 P030130 Q(Δd_{min}) R(d);”的过程中，螺纹切削收尾处 45°的 Z 向退刀距离为（　　）倍螺距。

A. 0.1　　　　B. 0.3　　　　C. 1　　　　D. 3

12. 指令格式“G76 X(U)__ Z(W)__ R(i)__ P(k)__ Q(Δd) F__;”中的P(k)表示（　　）。

A. 螺纹半径差　　　　　　　　　　　　B. 牙型编程高度

C. 螺纹第一刀切深量　　　　　　　　　D. 精加工余量

13. 车削 M24×2 内螺纹（材料为 45 钢），根据经验公式，底孔直径加工至（　　）mm 较为合适。

A. 24　　　　B. 22　　　　C. 26　　　　D. 21.4

14. 在数控车床上车削螺纹时防止乱牙的措施是（　　）。

A. 选择正确的螺纹刀具　　　　　　　　B. 正确安装螺纹刀具

C. 选择合理的切削参数　　　　　　　　D. 每次在 Z 向同一位置开始切削

15. 从提高刀具使用寿命的角度考虑，螺纹加工应优先选用（　　）指令。

A. G32　　　　B. G92　　　　C. G76　　　　D. G85

16. 下列 G 指令中，（　　）是螺纹切削循环指令。

A. G90　　　　B. G92　　　　C. G94　　　　D. G50

三、判断题

1. 在 G99 方式下攻螺纹时 F 值为导程。（　　）

2. 加工螺距 4 mm 以上的螺纹时一般采用直进法，以提高螺纹精度。（　　）

3. 数控车床可以车削直线、斜线、圆弧、米制/英制螺纹、圆柱管螺纹、圆锥螺纹，但是不能车削多线螺纹。（　　）

4. 在数控车床上车螺纹时，沿螺距方向的 Z 向进给应与机床主轴的旋转保持严格的速比关系。（　　）

5. 数控车削程序中所使用的进给量 F 值在车削螺纹时是指导程。（　　）

6. 车螺纹前的底孔直径一般需大于螺纹标准中规定的螺纹小径。（　　）

7. 在数控车床上车削螺纹必须通过主轴的同步运行功能实现。（　　）

8. 数控车床能车削增螺距、减螺距以及要求在等螺距和变螺距之间平滑过渡的螺纹。（　　）

9. 在 G92 指令执行过程中，进给速度倍率和主轴转速倍率均无效。（　　）

10. FANUC 系统中，G76 指令只能用于圆柱螺纹的加工，不能用于圆锥螺纹的加工。（　　）

11. 车螺纹时，必须设置升速进刀段和降速退刀段。（　　）

12. 在螺纹切削过程中，按下循环暂停键时，刀具立即按斜线回退，然后先回到 X 轴

的起点，再回到 Z 轴的起点。在回退期间，不能另外进行暂停。（　　）

13. 螺纹加工中的进给次数和背吃刀量会直接影响螺纹的加工质量。（　　）

14. G32 指令是 FANUC 系统中用于加工螺纹的单一固定循环指令。（　　）

15. 指令格式“G34 X(U)__ Z(W)__ F__ K__;”中的 K 值是指主轴每转螺距的增量（正值）或减量（负值）。（　　）

16. 指令格式“G76 X30 Z－35 P974 Q500 F1.5;”中的 F1.5 表示进给速度为 1.5 mm/min。（　　）

17. 采用 G76 指令加工螺纹时，加工过程中的进刀方式是沿牙型一侧面平行方向的斜向进刀。（　　）

18. 如果在单段方式下执行 G92 加工循环，则每执行一次循环必须按 4 次循环启动按钮。（　　）

19. G32 指令的功能为螺纹切削加工，只能加工圆柱螺纹。（　　）

20. 在执行 G76 加工循环时，如按下循环暂停键，则刀具在螺纹切削后的程序段暂停。（　　）

四、简答题

1. 螺纹加工过程中如何分配总切深量？对于螺距为 2 mm 的螺纹，如何分配其总切深量？

2. 试写出单一固定循环指令 G92 的格式，并说明指令中各参数的含义。

3．螺纹加工过程中，如何确定其导入距离和导出距离？

4．试写出螺纹切削多次循环 G76 的指令格式，并说明指令中各参数的含义。

5．采用 G76 指令编程加工多线螺纹，第一次切削完成后如何计算 Z 向偏置值？

五、编程题

1．编写图 2－5 所示零件的加工程序。

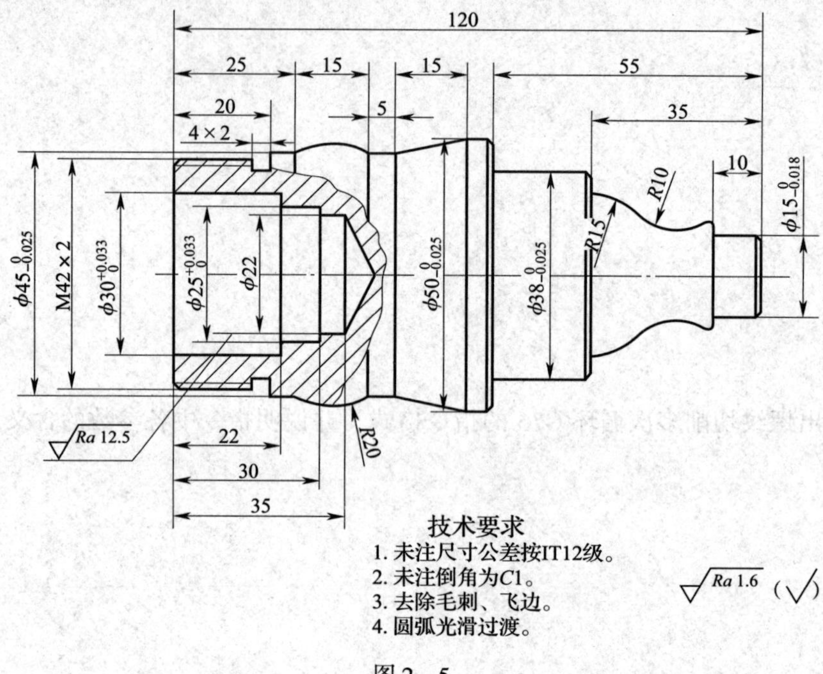

图 2－5

2. 编写图 2－6 所示零件的加工程序。

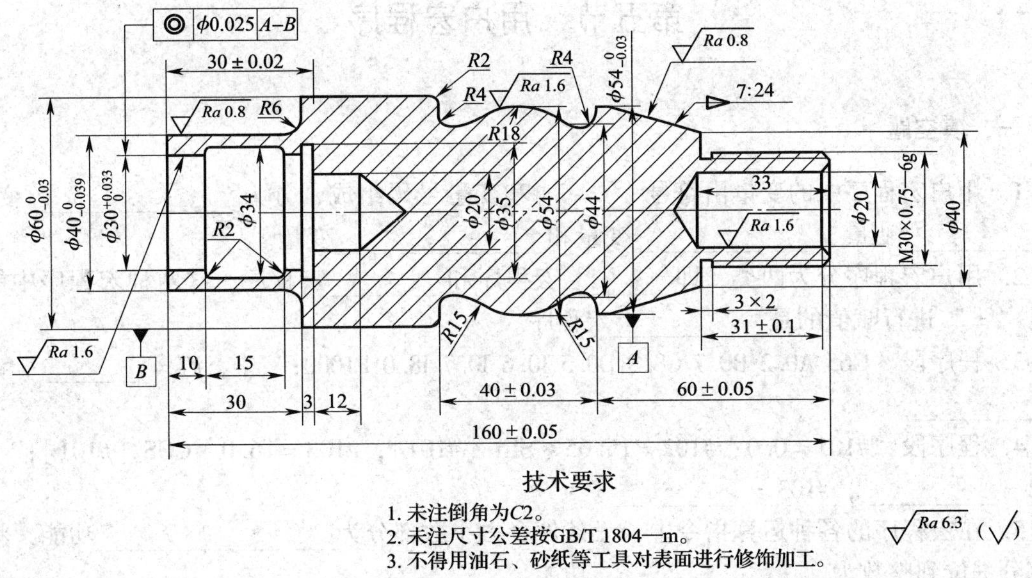

技术要求

1. 未注倒角为C2。
2. 未注尺寸公差按GB/T 1804—m。
3. 不得用油石、砂纸等工具对表面进行修饰加工。

Ra 6.3 (√)

图 2－6

第五节　用户宏程序

一、填空题

1. 用户宏程序中的变量由符号________和变量号码组成，分为________变量、________变量、________变量和________变量。

2. 用户宏程序分为两类，即________宏程序和________宏程序。这两种宏程序中能用符号“=”进行赋值的是________宏程序。

3. 程序段“G65 A0.2 B0.7 C8.0 D0.5 I0.6 I0.7 I8.0 P1000;”中，#7 =________，#4 =________。

4. 程序段“#101 =0.0；#102 =15.65 * SIN［#101］；#103 =16.0 * COS［#101］;”中，#102 =________，#103 =________。

5. 在宏程序的各种运算指令中，无条件舍去小数部分为________功能，将小数部分进位到整数为________功能。

6. B类宏程序的条件转移语句的格式为________，循环指令的格式为“WHILE［条件表达式］DO m;”。

7. G66表示________，书写格式为________。

8. 将数学表达式转化为B类宏程序表达式：

#101 =6 ×(30^2 ×40 −20)________。

#100 = sin30° × cos50°________。

二、选择题

1. 通过程序段“G65 P0030 A50.0 I30.0 J0 D40.0 I20.0;”引数赋值后，变量#7 =（　　）。

A. 40.0　　B. 30.0　　C. 0　　D. 20.0

2. 下列指令中，属于宏程序模态调用指令的是（　　）。

A. G65　　B. G66　　C. G68　　D. G69

3. B类宏程序用于舍入的字符是（　　）。

A. ROUND　　B. SQRT　　C. ABS　　D. FIX

4. 局部变量的变量号通常为（　　）。

A. #10　　B. #1 ~ #33　　C. #100 ~ #531　　D. #1000 ~ #5322

5. 执行程序段“#1 = 10；#2 = 35；#100 = ［#2］/［#1］;”后，#100的值等于（　　）。

A. 0　　B. 3　　C. 3.5　　D. 4

6. 在运算指令中，“#i = FUP［#j］”代表的含义是（　　）。

A. 四舍五入整数化　　B. 舍去小数点

C. 小数点以下舍去　　D. 小数点以下进位

7. 下列字母中，能作为引数替变量赋值的是（   ）。

A. M　　B. N　　C. O　　D. P

8. 程序段“G65 H33 P#101 Q#101 R#102;”表示（   ）。

A. #100 = #101 × SIN（#102）　　B. #100 = #101 × COS（#102）

C. #100 = #101 × TAN（#102）　　D. #100 = #101 × CTAN（#102）

9. 下列宏程序调用语句中，正确的是（   ）。

A. G65 P1010 B2.0 A1.0 M6.0;

B. G65 P1010 K2.0 J4.0 I5.0;

C. G65 P1010 L3.0 A1.0 B2.0 G5.0;

D. G65 P1010 K7.0 L6.0 M3.0;

10. 程序段“IF［#101 GER #102］GOTO1000;”表示当（   ）时，跳转到 N1000 程序段。

A. #101 > #102　　B. #101 < #102　　C. #101 ≥ #102　　D. #101 ≤ #102

11. 宏指令的比较运算符中，EQ 表示（   ）。

A. 等于　　B. 不等于　　C. 小于或等于　　D. 大于

12. 指定坐标旋转角度为 5°54′，编程中应以（   ）表示。

A. 554　　B. 5.54　　C. 5.06　　D. 5.9

13. 在宏程序中用于执行下取整的运算符为（   ）。

A. SQRT　　B. ABS　　C. FIX　　D. FUP

14. 在 FANUC 系统中，引数赋值 I 中的地址（   ）必须按字母顺序排列，对没使用的地址可省略。

A. A、B、C　　B. I、J、K

C. G、L、N、O、P　　D. X、Y、Z

15. 在宏程序的运算指令中，LT 代表（   ）。

A. 等于　　B. 不等于　　C. 小于　　D. 大于

16. 运算指令中，“#100 = #101 * XOR#102”代表的运算是（   ）。

A. 分数　　B. 合并　　C. 积　　D. 离散

三、判断题

1. 通过“G65 P1000 E90.0;”引数赋值后，程序中参数#8 的初始值为 90.0。（   ）

2. 在数控程序中局部变量是断电后就失效的变量。（   ）

3. 宏程序的格式类似于子程序的格式，以 M99 指令结束宏程序，因此，宏程序只能以子程序调用方法进行调用，即只能用 M98 指令进行调用。（   ）

4. B 类宏程序的运算指令中函数 SIN、COS 等的角度单位是度，分和秒要换算成带小数点的度。（   ）

5. 程序段“G65 H80 P120;”属于无条件跳转指令，执行该指令时将无条件跳转到 N120 程序段。（   ）

6. 程序段“G65 P1000 X100.0 Y30.0 Z20.0 F100.0;”中的 X、Y、Z 值并不代表坐标，F 值也不代表进给功能。（   ）

7. B 类宏程序函数中的括号允许嵌套使用，但最多只允许嵌套 5 级。（ ）

8. 宏程序指令“WHILE［条件式］DO m ”中的 m 表示循环执行 WHILE 与 END 之间程序段的次数。（ ）

9. 在 FANUC 系统中，反余弦的指令格式为#i = ASIN［#j］。（ ）

10. 程序段“IF［#10 LE 0］GOTO 20;”表示当#10 >0 时，程序跳转到 N20 程序段执行，如果条件不成立，则执行下一程序段。（ ）

11. 在 FANUC 系统中，执行“#1 =#1 +5;”后变量#1 的值仍为 5。（ ）

12. 刀具补偿量属于系统变量。（ ）

13. 在 FANUC 宏程序中变量#100 ~ #130 的值断电后保持不变。（ ）

14. 变量的赋值可在程序中进行，也可用 MDI 方式直接赋值。（ ）

15. 宏程序中的“ = ”有两种含义，一种是比较，一种是定义。（ ）

四、简答题

用户宏程序的特点有哪些？

五、编程题

1．编写图 2－7 所示零件的加工程序。

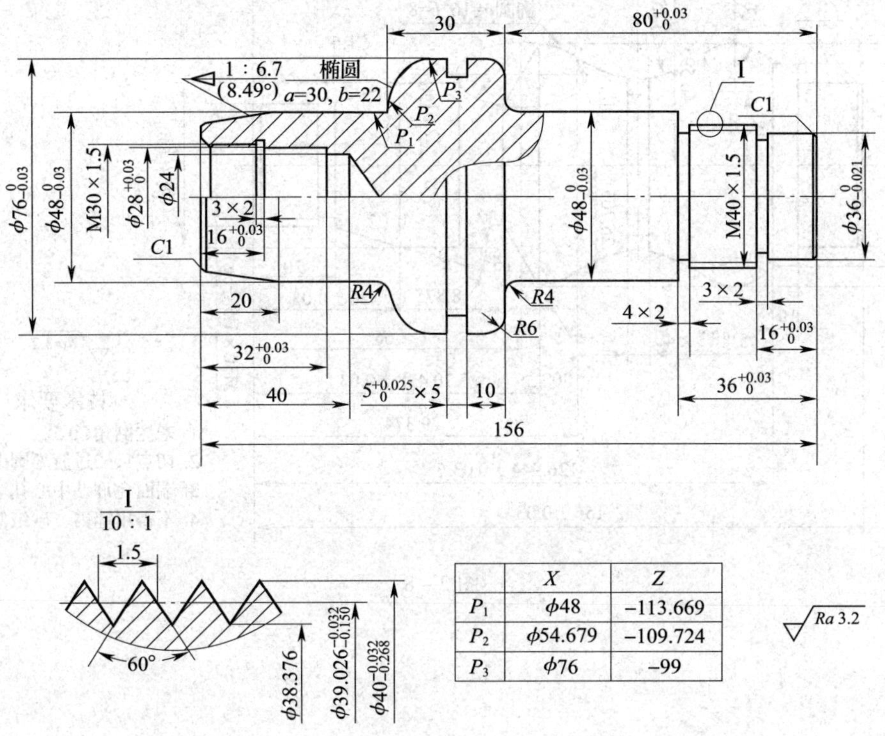

	X	Z
P_1	φ48	−113.669
P_2	φ54.679	−109.724
P_3	φ76	−99

图 2－7

2. 编写图 2－8 所示零件的加工程序。

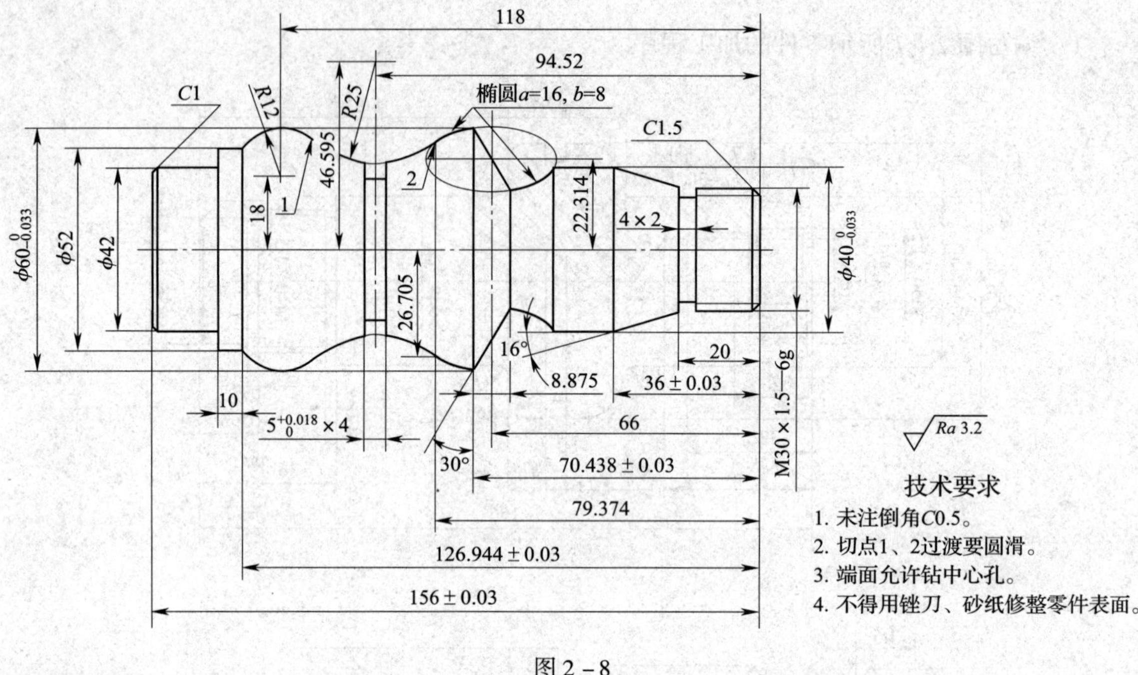

图 2－8

3．编写图 2－9 所示零件的加工程序，毛坯尺寸为 ϕ50 mm×100 mm。

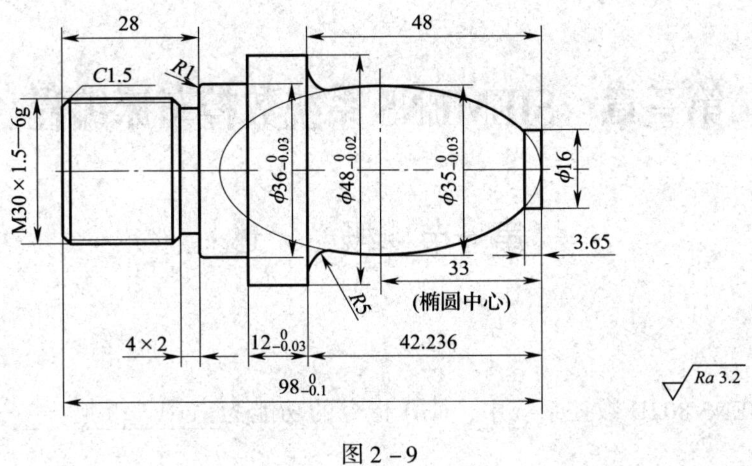

图 2－9

第三章　SIEMENS 系统数控车床编程

第一节　概　　述

一、填空题

1. 在 SIEMENS 802D 数控系统中，G70 指令的功能为________________，G71 指令的功能为________________。

2. 在 SIEMENS 802D 数控系统中，______指令的功能是回机床中某个固定点，该固定点是临时设定的，如换刀点等；______指令的功能是回机床参考点。

3. 程序段“N20 X75 Z = IC（-32）”中 X 值是______编程，Z 值是______编程。

4. 在 SIEMENS 802D 数控系统中，坐标平移指令是__________。

5. 在可编程工作区域限制中，G25 指令表示________________，G26 指令表示________________；在主轴转速限制中，G25 指令表示________________，G26 指令表示________________。

6. 程序段“G94 G700 G01 X50 Z100 F100”中 F 值的单位为________；“G94 G70 G01 X50 Z100 F100”中 F 值的单位为________。

7. 在 SIEMENS 802D 数控系统中，绝对值编程指令为______，增量值编程指令为______。

二、选择题

1. 关于程序段“G90 X60 Z = IC（30）”，下列选项中说法正确的是（　　）。
   A. X 值和 Z 值均为绝对值编程
   B. X 值和 Z 值均为增量值编程
   C. X 值为绝对值编程，Z 值为增量值编程
   D. Z 值为绝对值编程，X 值为增量值编程

2. SIEMENS 数控系统中选择米制增量尺寸进行编程，使用的 G 指令为（　　）。
   A. G70 G90　　B. G71 G90　　C. G70 G91　　D. G71 G91

3. SIEMENS 802D 数控系统中回参考点指令的编程格式为（　　）。
   A. G75 X = 0 Z = 0　　B. G74 X1 = 0 Z1 = 0
   C. G75 X0 Z0　　D. G74 X0 Z0

三、判断题

1. 在 SIEMENS 系统数控车床的编程中，分别用字符 U、V、W 表示 X、Y、Z 方向的增

量坐标。 ( )

2. 在 SIEMENS 系统的同一程序段中，可以同时指定增量坐标和绝对坐标。 ( )

3. 程序段“G90 G01 X100 Z = IC（100）”中的 X 值、Z 值均为绝对值编程。 ( )

4. 程序段“N110 DIAMOF X22 Z30”中的 X 值开始转换为半径编程。 ( )

5. SIEMENS 数控车床上增量值编程只能用 G91 指令。 ( )

6. SIEMENS 系统中程序字的数字与字母之间可以用符号“ = ”隔开。 ( )

第二节 常用功能指令

一、填空题

1. 圆弧加工程序段“CT X40 Z100”中的 X40 Z100 是________点坐标，“CIP Z30 I1 = 20 K1 = 25”中的 I1 = 20 K1 = 25 为________点坐标。

2. T01D01 中第一个 01 的含义为________________，第二个 01 的含义为________________。

3. 执行 G4 指令时，程序暂时________，刀架________，但主轴________。

4. 当进行倒角 CHF 或倒圆 RND 编程加工时，如果其中一个程序段的轮廓长度不够，则在倒圆或倒角时会____________。

二、选择题

1. 程序段“G01 X100 Z - 20 CHF = 5”中的 CHF = 5 表示插入倒角，数值等于（ ）。

A. 倒角长度　B. 倒圆半径　C. 倒角角度　D. 倒圆直径

2. 程序段“G01 X100 Z - 20 RND = 5”中的 RND = 5 表示插入倒圆，数值等于（ ）。

A. 倒角长度　B. 倒圆半径　C. 倒角角度　D. 倒圆直径

3. 下列代码中，作为 SIEMENS 系统子程序结束指令的是（ ）。

A. M30　B. M20　C. RET　D. M99

4. “G4 S300”表示（ ）。

A. 暂停 300 s　B. 暂停 300 μs

C. 主轴转速为 300 r/min　D. 暂停主轴旋转 300 r 所用时间

5. SIEMENS 802D 数控系统过中间点的圆弧插补指令是（ ）。

A. G02/G03　B. G05　C. CIP　D. CT

6. 在 SIEMENS 系统中，半径补偿模式下用于设置圆弧过渡拐角特性的指令是（ ）。

A. G450　B. G451　C. G37　D. G39

7. 切线过渡圆弧指令“G01 X36 Z - 10 CT X40 Z - 34”中的 X40 Z - 34 表示（ ）。

A. 圆弧终点　B. 圆弧起点　C. 圆心点　D. 圆弧切点

8. SIEMENS 802D 系统数控车床指令“G02/G03 X _ Z _ AR = _”中的 AR = _表示（ ）。

A. 圆弧半径　B. 圆弧半径增量

C. 圆弧直径　　　　　　　　　　　　D. 圆弧圆心角

9. “G02 X20 Z－20 CR＝10 F100” 所加工的一般是（　　）。

A. 整圆　　　　　　　　　　　　　　B. 圆心角大于或等于 180°的圆弧

C. 圆心角小于或等于 180°的圆弧　　D. 圆心角为 180°～360°的圆弧

三、判断题

1. 在 SIEMENS 系统中，指令 T1D1 和指令 T2D1 使用的是同一刀具补偿存储器中的值。（　　）

2. 在 SIEMENS 系统中，子程序 L30 和子程序 L0030 是两个不同的程序。（　　）

3. SIEMENS 系统调用子程序指令 “L0123P3” 表示调用子程序 L0123 共计三次。（　　）

4. 如果几个连续编程的程序段中有不含坐标轴移动指令的程序段，则不可以进行倒角/倒圆编程。（　　）

5. SIEMENS 802D 系统中子程序调用不能超过四级。（　　）

四、简答题

1. 如何判断顺时针圆弧与逆时针圆弧？

2. 写出圆弧插补的六种指令格式，并说明各参数的含义。

五、编程题

1. 编写图 3－1 所示零件的加工程序。

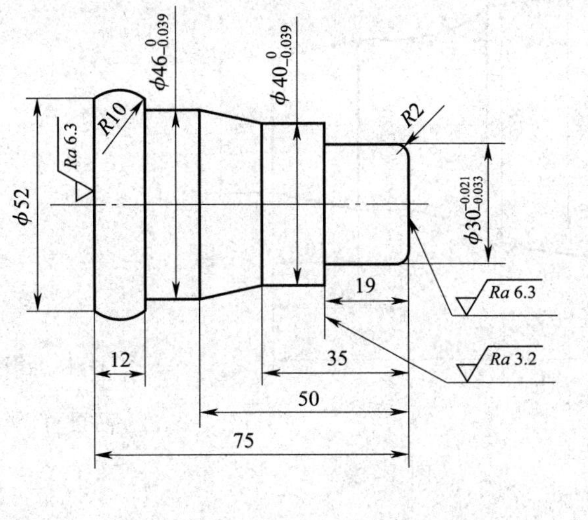

$\sqrt{Ra\ 1.6}$ ($\sqrt{}$)

图 3－1

2. 编写图 3－2 所示零件的右端加工程序。

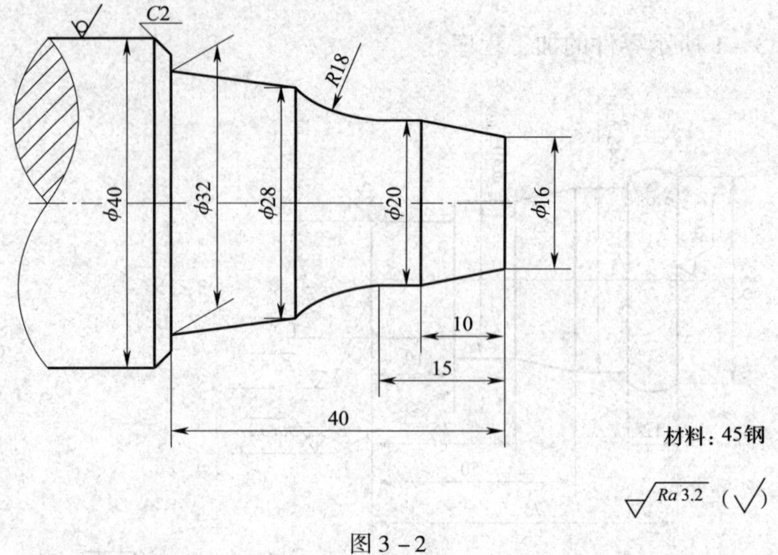

图 3－2

第三节　固 定 循 环

一、填空题

1. 在 SIEMENS 802D 数控系统中，CYCLE95 指令是____________________，它会根据精加工路线和给定的切削参数自动确定粗加工的加工路线，可以进行纵向和横向的加工，也可以进行内、外轮廓的加工，还可以进行精加工。

2. 在 SIEMENS 802D 数控系统中，切槽循环指令为____________________。

3. 毛坯切削循环的加工方式中，轮廓调用的方法有两种，一种是将工件轮廓编写在______________中，在______________中通过参数 NPP 对轮廓子程序进行调用；另一种是用______________表示，其加工程序直接跟在主程序循环调用指令后。

4. 切槽循环加工类型中关于外部加工或内部加工的判断方法：当刀具在________轴方向朝__________方向切入时，均称为外部加工，反之则称为内部加工。

二、选择题

1. 在 SIEMENS 802D 数控系统中，外圆粗车循环指令为（　　）。

A. G90　　B. G92　　C. CYCLE95　　D. CYCLE93

2. SIEMENS 802D 数控系统的毛坯切削循环指令 CYCLE95 中，参数 MID 表示（　　）。

A. 总进刀次数　　B. 最大粗加工背吃刀量

C. 总背吃刀量　　D. 最后一次的背吃刀量

3. 毛坯切削循环指令 CYCLE95 中，用于表示综合加工方式的参数 VARI 的值为（　　）。

A. 1 ~ 4　　B. 5 ~ 8　　C. 9 ~ 12　　D. 1 ~ 12

4. 毛坯切削循环指令 CYCLE95 中，用于表示轮廓方向精加工余量的参数是（　　）。

A. NPP　　B. MID　　C. FAL　　D. DAM

5. SIEMENS 802D 数控系统的切槽循环指令 CYCLE93 中，参数 STA1 表示（　　）。

A. 槽侧面精加工余量　　B. 槽底面精加工余量

C. 轮廓和纵向进给轴之间的角度　　D. 槽深

6. 对于毛坯切削循环指令 CYCLE95 轮廓定义的要求，下列叙述中不正确的是（　　）。

A. 轮廓若由直线和圆弧组成，可以使用圆角和倒角指令

B. 定义轮廓的第一个程序段必须含有 G00、G01、G02 和 G03 指令中的一个

C. 必须含有三个具有两轴联动的加工平面内运动的程序段

D. 轮廓加工子程序中可以含有刀尖圆弧半径补偿指令

7. SIEMENS 802D 数控系统毛坯切削循环中，总背吃刀量为 18 mm（单边），每次背吃刀量参数 MID =5，精加工余量为 0.5 mm（单边），则粗加工实际切削时每次背吃刀量为（　　）mm。

A. 4.375　　B. 4.5

C. 5　　D. 前三次为 5，最后一次为 2.5

8．SIEMENS 802D 数控系统的切槽循环指令 CYCLE93 中，用于设定刀具宽度的参数为（　　）。

A．WIDG　　B．DIAG　　C．IDEP　　D．没有定义

9．切槽刀从靠近尾座的方向起刀加工外圆槽，这种切槽的加工方式称为（　　）。

A．左侧起刀纵向外部加工　　B．右侧起刀纵向外部加工

C．左侧起刀横向外部加工　　D．右侧起刀横向外部加工

三、判断题

1．SIEMENS 802D 数控系统的毛坯切削循环指令不仅能加工尺寸单调递增或单调递减的轮廓，还可以加工内凹的轮廓及超过 1/4 圆的圆弧。（　　）

2．毛坯切削循环指令 CYCLE95 中，用于表示 X 方向精加工余量的参数 FALX 有正负值之分，当加工外圆时其值为正，当加工内孔时其值为负。（　　）

3．毛坯切削循环指令 CYCLE95 中，横向加工方式是指沿 X 轴方向切深进给，而沿 Z 轴方向切削进给的一种加工方式。（　　）

4．毛坯切削循环指令 CYCLE95 中，纵向加工方式是指沿 X 轴方向切深进给，而沿 Z 轴方向切削进给的一种加工方式。（　　）

5．毛坯切削循环指令 CYCLE95 的纵向加工方式中，当刀具的切深方向为 $-X$ 向时，则该加工方式为纵向内部加工方式。（　　）

6．毛坯切削循环指令 CYCLE95 中，可分别用不同的参数表示粗加工和精加工的进给速度。（　　）

7．使用 SIEMENS 802D 数控系统的 CYCLE93 指令加工工件的右端面槽，不管采用何种方式起刀，均称为右侧起刀。（　　）

8．切槽循环指令 CYCLE93 中的参数 IDEP 表示切入深度，无符号（X 向为直径值）。（　　）

9．切槽循环指令 CYCLE93 中的参数 STA1 的取值范围为 0°～360°。（　　）

10．切槽循环指令 CYCLE93 中的纵向加工方式是指槽的深度方向为 X 方向、槽的宽度方向为 Z 方向的一种加工方式。（　　）

四、简答题

简述毛坯切削循环中轮廓的切削步骤及循环起点的确定方法。

五、编程题

编写图 3－3 所示零件的加工程序，毛坯尺寸为 $\phi26$ mm × 62 mm。

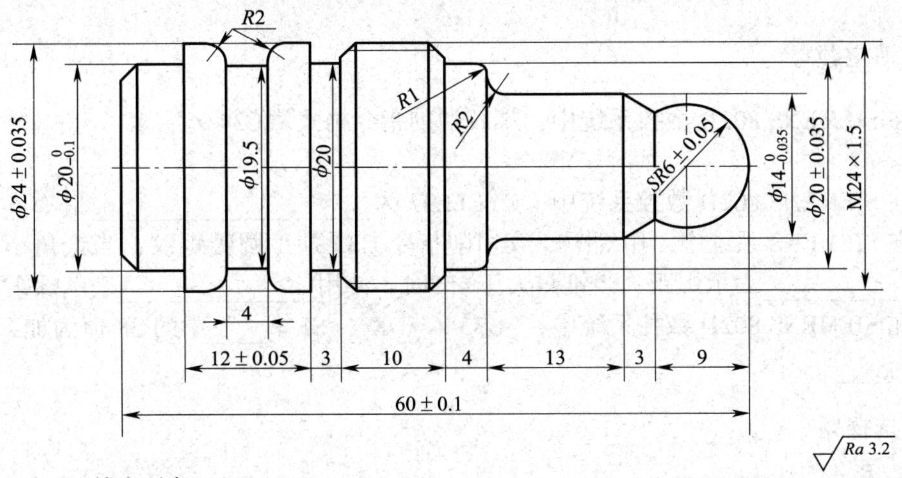

技术要求

1. 未注公差的尺寸允许误差：± 0.07。
2. 未注倒角：C1.5。

图 3－3

第四节　螺 纹 加 工

一、填空题

1. 在 SIEMENS 802D 数控系统中，螺纹切削指令格式“G34 Z __ K __ F __”中的 K 值表示____________。

2. 在 SIEMENS 802D 数控系统中，CYCLE97 为____________________指令。

3. 在 SIEMENS 系统中，用等距螺纹切削指令 G33 加工圆锥螺纹，当锥角小于 45°时，使用______________表示螺距；当锥角大于 45°时，使用______________表示螺距。

4. 在 SIEMENS 802D 数控系统中，“G33 Z __ K __ SF = __”中的 SF 值为加工多线螺纹时的____________。

二、选择题

1. 在 SIEMENS 802D 数控系统中，不属于螺纹插补指令的是（　　）。

A. G32　　B. G33　　C. CYCLE97　　D. G63

2. 螺纹加工指令 CYCLE97 中，采用恒定切除截面积方式加工内螺纹时的 VARI 值为（　　）。

A. 1　　B. 2　　C. 3　　D. 4

3. 螺纹循环指令格式“CYCLE97（PIT，MPIT，SPL，FPL，DM1，DM2，APP，ROP，TDEP，FAL，IANG，NSP，NRC，NID，VARI，NUMT）”中的 MPIT 表示（　　）。

A. 起点螺纹直径　　B. 终点螺纹直径

C. 螺纹公称直径　　D. 螺纹深度

4. 下列 SIEMENS 802D 数控系统指令中，用于加工减螺距螺纹的指令是（　　）。

A. G33　　B. G34　　C. G35　　D. G36

5. 使用 SIEMENS 802D 数控系统螺纹加工循环指令 CYCLE97 加工 M30×2 外螺纹，则指令中用于表示螺距的参数为（　　）。

A. PIT　　B. MPIT　　C. SPL　　D. FPL

6. 等距螺纹切削指令格式“G33 Z __K __SF __”中的 SF 值表示（　　）。

A. 螺距　　B. 圆柱螺纹　　C. 圆锥螺纹　　D. 螺纹起始角

7. 螺纹切削循环指令 CYCLE97 中，空刀导入量用参数 APP 表示，空刀退出量用参数 ROP 表示，其中空刀导入量的取值为（　　）。

A. (2～3)P　　B. (1～2)P　　C. (3～5)P　　D. 不确定

8. 在 SIEMENS 数控系统中，用 G33 指令加工圆锥螺纹时，当锥度小于 45°时，锥度代码用（　　）表示。

A. K　　B. I　　C. P　　D. R

三、判断题

1. 在 SIEMENS 802D 数控系统中，G33 指令的多线螺纹偏移量用 SF 表示。（　　）

2. 以恒定背吃刀量进给方式进行螺纹粗加工时，每次背吃刀量相等，其值由参数TDEP、FAL和NRC确定，计算公式为 $a_p = (TDEP - FAL)/NRC$。 (　　)

3. 螺纹切削循环指令格式“CYCLE97（PIT，MPIT，SPL，FPL，DM1，DM2，APP，ROP，TDEP，FAL，IANG，NSP，NRC，NID，VARI，NUMT）”中参数VARI为加工方式，其值在1~4之间。 (　　)

4. 采用恒定切削截面积进给方式进行螺纹粗加工时，背吃刀量按递减规律自动分配，并使每次切除的截面积近似相等。 (　　)

四、简答题

简述使用CYCLE97指令编程时的注意事项。

五、编程题

1．编写图 3－4 所示零件的加工程序。

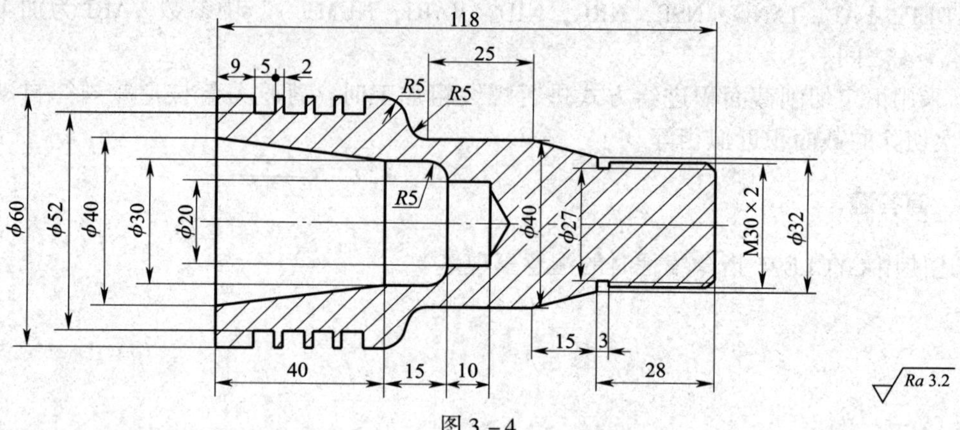

图 3－4

2. 编写图 3－5 所示零件的加工程序。

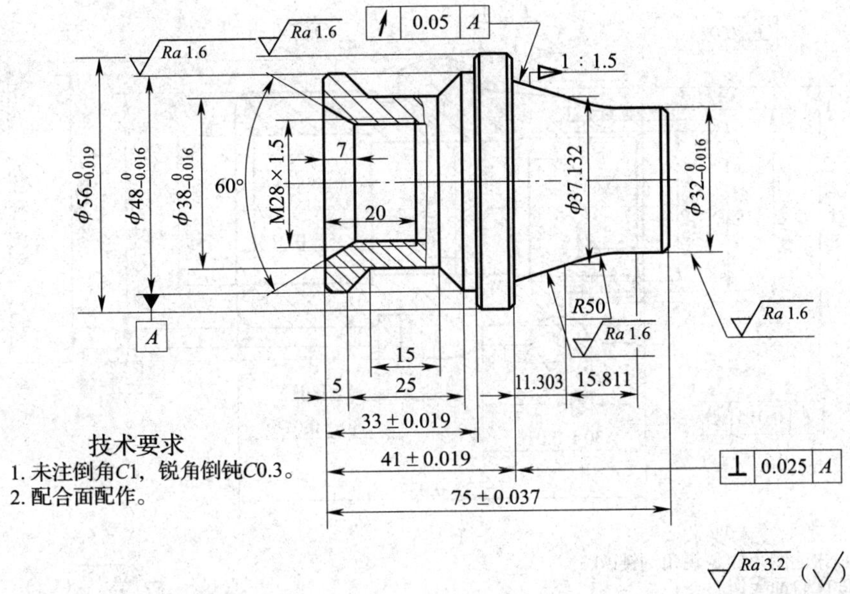

图 3－5

3. 编写图 3－6 所示零件的加工程序。

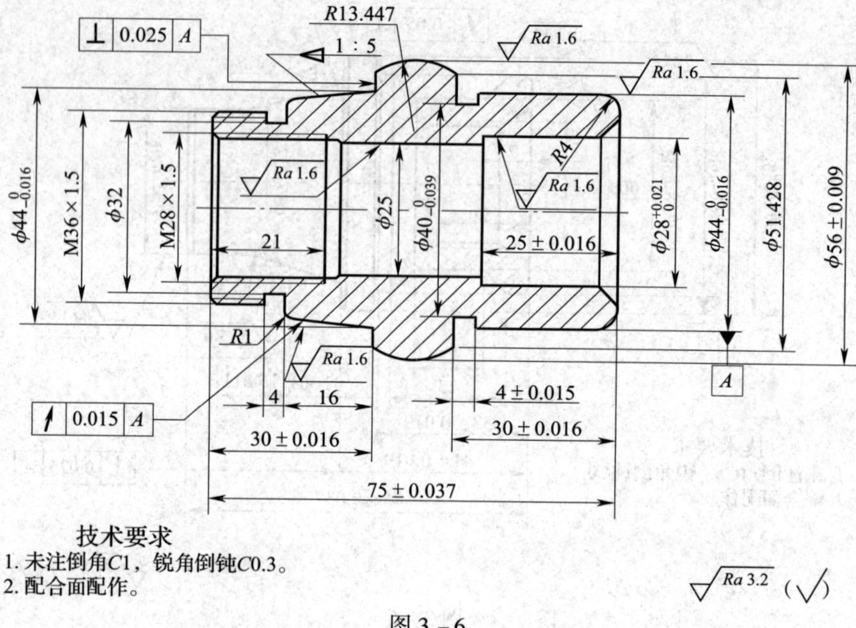

图 3－6

第五节　R 参数编程

一、填空题

1. 除地址符__________外，R 参数可以用来代替其他任何地址符后面的数值。

2. 使用参数编程时，__________与__________必须通过“=”连接，这一点与 FANUC 系统的宏程序编写格式有所不同。

3. 在 R 参数的运算过程中，允许使用括号以改变运算次序，且括号允许__________使用。

4. 标记符用于标记程序段中所跳转的目标程序段，目标程序段中标记符后面必须为______，标记符位于______________。

二、选择题

1. SIEMENS 系统采用 R 参数编程时大于或等于的运算符为（　　）。

A. ==　　B. <　　C. <>　　D. >=

2. 在 SIEMENS 系统中，表示正切函数运算的指令是（　　）。

A. Ri=TAN（Rj）　　B. Ri=ATAN（Rj）

C. Ri=FIX（Rj）　　D. Ri=COS（Rj）

3. 下列 R 参数编程的程序格式中，书写有错的是（　　）。

A. X=-R10　　B. R1=R1+R2

C. SIN（-R30-R31）　　D. IF（R10>0）GOTOB MA1

4. 在 SIEMENS 系统中，表示平方根函数运算的指令是（　　）。

A. Ri=TAN（Rj）　　B. Ri=EXP（Rj）

C. Ri=LN（Rj）　　D. Ri=SQRT（Rj）

5. SIEMENS 系统采用 R 参数编程时不等于的运算符为（　　）。

A. ≠　　B. !=

C. <>　　D. NE

三、判断题

1. 在 SIEMENS 系统的比较运算过程中，等于用符号=表示。（　　）

2. 在 SIEMENS 系统中，指数函数的运算指令格式是 Ri=EXP（Rj）。（　　）

3. R 参数的运算法则与数学中的运算法则一致。（　　）

4. 在 SIEMENS 802D 系统中，参数的取值范围为 R0～R999。（　　）

5. 如果一个程序段中有多个条件跳转命令，当其第一个条件被满足后就执行跳转。（　　）

6. 在 SIEMENS 系统中，参数 R100～R299 属于加工循环传递参数，但该参数在一定条件下也可以作为自由参数使用。（　　）

四、简答题

R 参数有哪些种类？

五、编程题

1. 编写图 3－7 所示零件的加工程序。

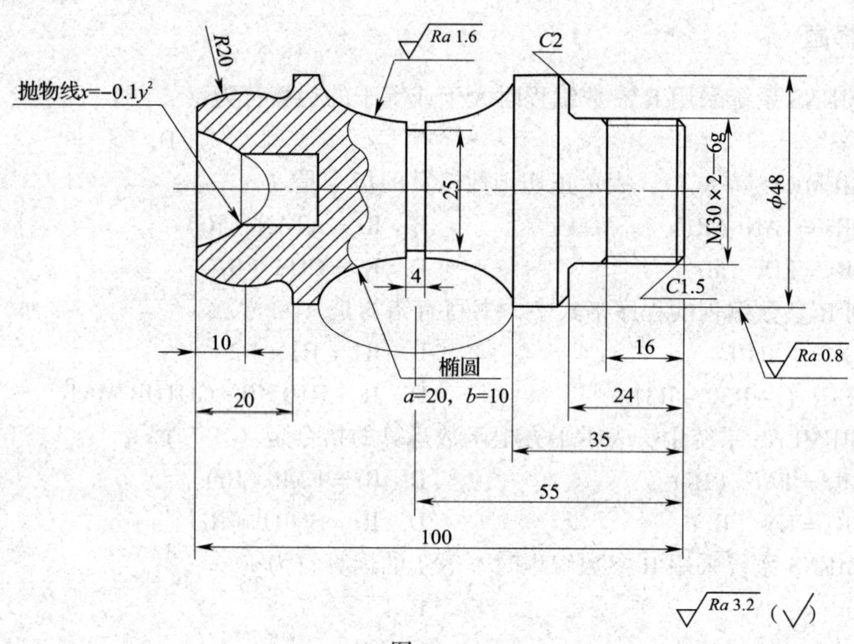

图 3－7

2. 编写图 3－8 所示零件的加工程序。

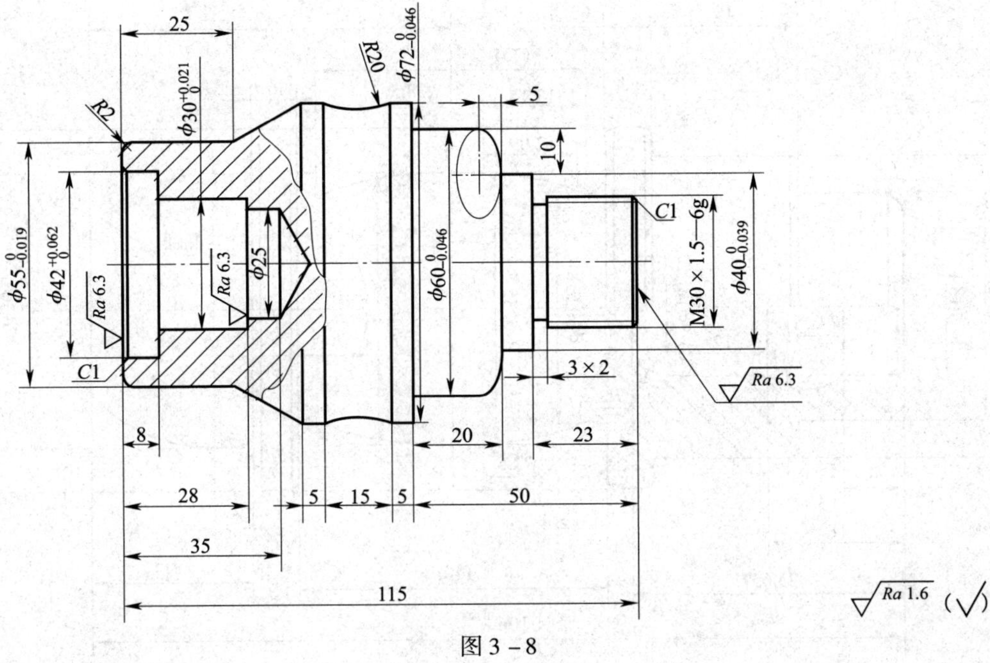

图 3－8

3. 编写图 3－9 所示零件的加工程序。

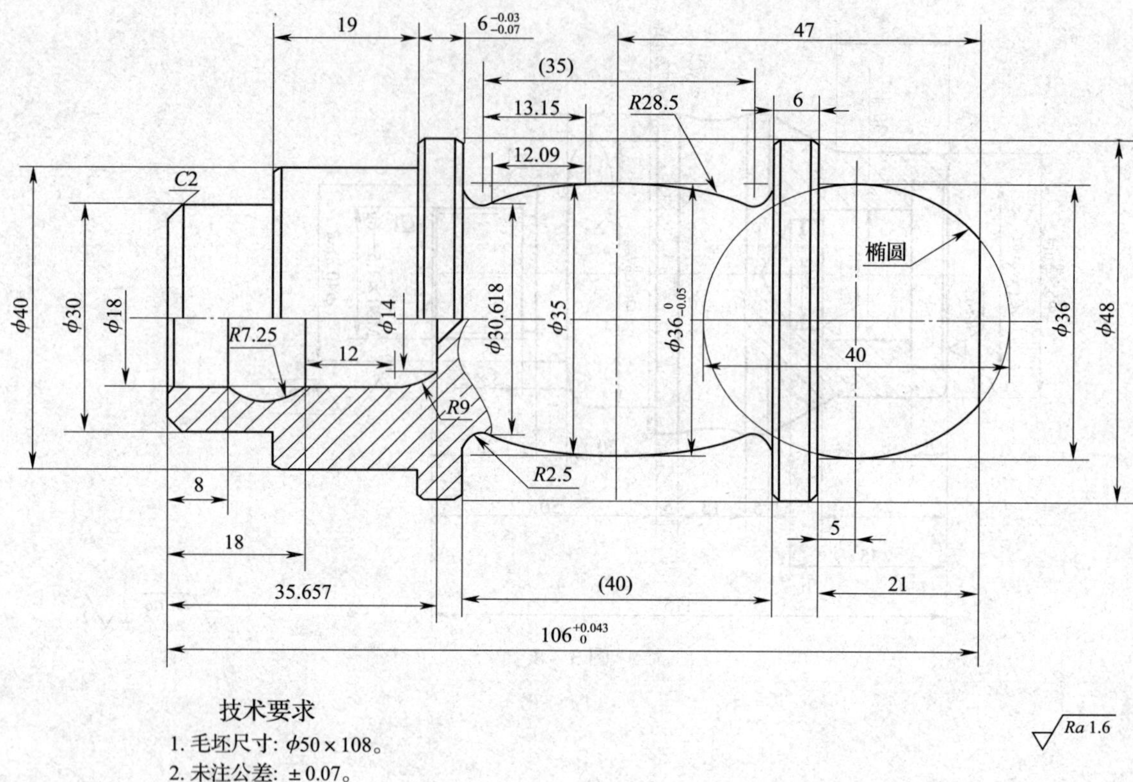

图 3－9

4. 编写图 3－10 所示零件的加工程序。

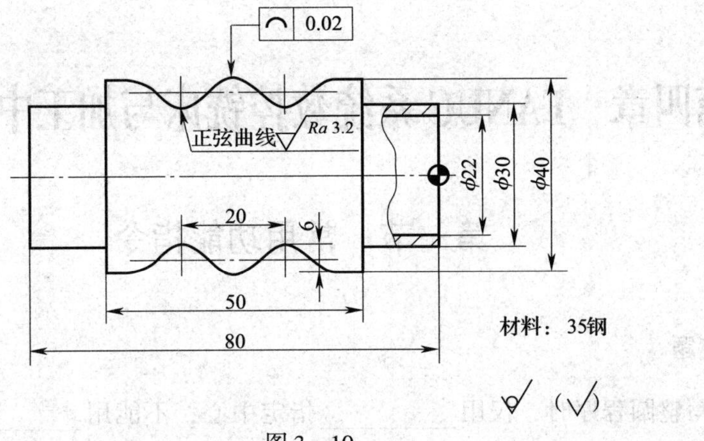

图 3－10

第四章　FANUC 系统数控铣床与加工中心编程

第一节　常用功能指令

一、填空题

1. 在编写整圆程序时，仅用__________指定中心，不能用__________编程，否则机床________________________。

2. G00 指令中的速度由机床参数______________对各轴分别设定。

3. “G02 I－20.0；”表示加工的是________________，“G02 X30.0 Y50.0 R－30.0；”表示加工的是________________。

4. 在数控铣床中，如果当前刀具刀位点在机床坐标系中的坐标显示为（200，－150，－100），若用 MDI 功能执行指令“G92 X100.0 Y100.0 Z100.0；”后，屏幕上显示的工件坐标系原点在机床坐标系中的坐标将是______________，切换到工件坐标系显示后，当前刀具刀位点在工件坐标系中的坐标将是______________。

5. 在 FANUC 系统中，G17 表示__________________，G03 表示__________________。

6. 程序段“G03 X50.0 Y30.0 R0；”的含义是__________________________。

7. 在 FANUC 系统中，可以利用工件坐标系零点偏置指令__________设定工件坐标系，还可以用 G92 指令直接进行工件坐标系设定，局部坐标系用指令__________进行设定。

8. 数控铣床/加工中心应用 G00 编程时，常见的做法是当进刀时，先定位，然后________________；当退刀时，先将____________________，然后再__________________。

二、选择题

1. 程序段“G00 G01 G02 G03 X100.0…；”中实际有效的 G 代码是（　　）。

A. G00　　B. G01　　C. G02　　D. G03

2. 程序段“G02 X20 Y－20 R－10 F100；”所加工的一般是（　　）。

A. 整圆　　B. 圆心角大于或等于 180°的圆弧

C. 圆心角小于或等于 180°的圆弧　　D. 圆心角为 180°～360°的圆弧

3. 圆弧插补编程时，半径的取值与（　　）有关。

A. 圆弧的相位　　B. 圆弧的角度　　C. 圆弧的方向　　D. 以上都是

4. 圆弧插补指令“G03 X __Y __R __；”中，X、Y 值表示圆弧的（　　）。

A. 起点坐标值　　B. 终点坐标值

C. 圆心相对于起点的坐标值　　D. 圆心相对于终点的坐标值

5. 整圆的直径为40 mm，要求由 *A* 点（20，0）逆时针进行圆弧插补并返回 *A* 点，其程序段格式为（　　）。

A. G03 X20. 0 Y0 I20. 0 J0 F100；

B. G03 X20. 0 Y0 I－20. 0 J0 F100；

C. G03 X20. 0 Y0 R－20. 0 F100；

D. G03 X20. 0 Y0 R20. 0 F100；

6. 程序段“G28 X __ Y __；”中的坐标值是（　　）的坐标。

A. 中间点　　B. 参考点　　C. 目标点　　D. 任意点

7. 若需要实现暂停5 s，下列指令中正确的是（　　）。

A. G04 P5000；　　B. G04 P500；　　C. G04 P50；　　D. G04 P5；

8. 铣削内球面时，铣刀刀尖回转直径一般（　　）球面直径。

A. 大于　　B. 等于　　C. 小于　　D. 前三项均可

9. 数控铣床上刀具半径补偿建立的矢量与补偿开始点的切向矢量的夹角以（　　）为宜。

A. 小于90°或大于180°　　B. 任何角度

C. 大于90°或小于180°　　D. 不等于90°，且不等于180°

10. 建立刀具半径补偿的程序段中不能指定（　　）指令。

A. G00　　B. G01　　C. G02　　D. G17

11. 在 *XY* 平面内的刀具半径补偿执行的程序段中，下列两段连续程序段中（　　）不会产生过切。

A. N60 G01 X60 Y20；N70 Z－3；　　B. N60 G01 Z－3；N70 M03 S800；

C. N60 G00 Z10；N70 G01 Z－3；　　D. N60 M03 S800；N70 M08；

12. 在使用G53至G59设定工件坐标系时，一般不再使用（　　）指令。

A. G90　　B. G17　　C. G41　　D. G92

13. 执行指令“G54；G53；G00 X0 Y0 Z0；”后，刀具所到达的位置为（　　）。

A. 刀具当前点　　B. 机床原点

C. 编程原点　　D. 加工中心换刀点

14. 通常采用右刀补进行内轮廓精加工时，加工方式是（　　）。

A. 顺铣　　B. 由工件的进给方向确定顺铣或逆铣

C. 逆铣　　D. 不能确定

15. FANUC系统返回 *Z* 向参考点指令“G91 G28 Z0；”中的Z0是指（　　）。

A. *Z* 向参考点　　B. 工件坐标系Z0点

C. *Z* 向中间点与刀具当前点重合　　D. *Z* 向机床原点

16. 在数控机床上铣一个正方形零件（外轮廓），如果新换的铣刀直径比原来小1 mm，则加工后正方形的尺寸比原来（　　）mm。

A. 小1　　B. 小0. 5　　C. 大1　　D. 大0. 5

17. 数控铣削加工中，数字控制系统所控制的多为（　　）。

A. 零件轮廓的轨迹　　B. 刀具中心轨迹

C. 工件运动轨迹　　D. 刀尖轨迹

18. 铣削锐角时，所用指令为（　　）。

A. G09　　B. G08　　C. G05　　D. G01

19. 程序段“N0010 G91 G01 X100. 0；C10. 0；N0020 X100. 0 Y100. 0；”中的 10. 0 表示（　　）。

A. 倒角长度 10 mm　　B. 倒圆半径 10 mm

C. 倒角长度 10 μm　　D. 倒圆半径 10 μm

20. 下列选项中（　　）是错误的。

A. “G04 X3. 0；”表示暂停 3 s

B. G92 是模态指令

C. “G33 Z __F __；”中的 F 表示进给量

D. G41 是刀具左补偿指令

21. 下列指令中，不能设立工件坐标系的是（　　）。

A. G54　　B. G92　　C. G55　　D. G91

22. 程序段“G92 X10 Y10 Z10 M03；”中的坐标值表示（　　）。

A. 刀具所在点在当前坐标系中的坐标

B. 刀具所在点在原坐标系中的坐标

C. 刀具所在点在机械坐标系中的坐标

D. 刀具所在点在机床坐标系中的坐标

23. 执行指令“G54；G52 X30. 0 Y20. 0；G52 X20. 0 Y30. 0；G52 X30. 0 Y40. 0；”后，当前工件坐标系与 G54 坐标系的偏移量为（　　）。

A. X30. 0 Y20. 0　　B. X20. 0 Y30. 0

C. X30. 0 Y40. 0　　D. X80. 0 Y90. 0

24. 在用 G54 与 G92 设定工件坐标系时，刀具起刀点（　　）。

A. 与 G92 无关，与 G54 有关　　B. 与 G92 有关，与 G54 无关

C. 与 G92 和 G54 均有关　　D. 与 G92 和 G54 均无关

25. 用指令（　　）设定的工件坐标系不具有记忆功能，当机床关机后设定的坐标系即消失。

A. G54　　B. G55　　C. G58　　D. G92

26. 在工件上既有平面需要加工，又有孔需要加工时，可采用下列加工方式中的（　　）。

A. 粗铣平面→钻孔→精铣平面　　B. 先加工平面，后加工孔

C. 先加工孔，后加工平面　　D. 任意一种加工方式

27. 数控机床在轮廓拐角处产生“欠程”现象，应采用（　　）方法控制。

A. 人工补偿　　B. 修改坐标点　　C. 提高进给速度　　D. 减速或暂停

28. 连续切削过程中，刀具到达终点时（　　）而继续执行下一个程序段。

A. 停一次　　B. 停止　　C. 减速　　D. 不减速

29. 零件的某一基本尺寸为 200，上偏差为 +0. 27，下偏差为 +0. 17，则在程序中应采用尺寸（　　）编入。

A. 200. 17　　B. 200. 27　　C. 200. 22　　D. 200

30. 执行 G04 程序暂停指令时，则（　　）。

A. 主轴停转　　B. 程序结束

C. 主轴状态不变　　D. 主轴停转、进给停止

31. 球头刀等步距加工凸半球面，表面粗糙度值最大的地方是（　　）。

A. 顶部　　B. 底部　　C. 45°处　　D. 60°处

32. 球头刀的半径通常（　　）所加工凹曲面的曲率半径。

A. 大于　　B. 小于　　C. 等于　　D. 不一定

33. 用来指定圆弧插补平面和刀具补偿平面为 *XY* 平面的指令是（　　）。

A. G16　　B. G17　　C. G18　　D. G19

34. “G04 S __;”表示（　　）。

A. 暂停时间（s）　　B. 暂停主轴转数

C. 暂停时间（min）　　D. 暂停时间（ms）

35. “G04 P __;”表示（　　）。

A. 暂停时间（s）　　B. 暂停主轴转数

C. 暂停时间（min）　　D. 暂停时间（ms）

36. 加工中暂停在某一程序段发生报警信息，原因是（　　）出现错误。

A. 当前程序段　　B. 当前程序段以下

C. 当前程序段以上　　D. 不同系统有不同规定

37. 数控铣床上，在不考虑进给丝杠间隙的情况下，为提高加工质量宜采用（　　）。

A. 外轮廓顺铣、内轮廓逆铣　　B. 外轮廓逆铣、内轮廓顺铣

C. 外轮廓逆铣、内轮廓逆铣　　D. 外轮廓顺铣、内轮廓顺铣

38. 在数控铣床的下列代码中，属于开机默认代码的是（　　）。

A. G17　　B. G18　　C. G19　　D. G20

三、判断题

1. G00 快速点定位指令能控制刀具沿直线快速移动到目标位置。（　　）

2. 用半径 R 值可以编写整圆加工程序。（　　）

3. G02 指令只能进行圆弧插补。（　　）

4. 圆弧插补指令中，I、J 值无方向，用绝对值表示。（　　）

5. 圆弧加工程序段“G03 X __ Y __ I __ J __;”中，无论是在 G90 方式还是在 G91 方式下，只要 I、J 值为 0 即可省略不写。（　　）

6. 刀具切入、切出工件表面时应沿法向，这样才能保证表面不留痕迹。（　　）

7. 数控铣床加工过程中可以根据需要改变主轴转速和进给速度。（　　）

8. G01 指令中 F 值指定的速度是沿直线移动的工作台进给速度。（　　）

9. G01 为模态指令，可由 G00、G02、G03 或 G33 指令注销。（　　）

10. 用 G54 设定工件坐标系时，其工件原点的位置与刀具起点有关。（　　）

11. 工件坐标系偏移指令的程序段只设定程序原点的位置，并不产生运动。（　　）

12. 通过零点偏置指令设定的工件坐标系，当机床关机后再开机，其坐标系将消失。（　　）

13. 取消刀具半径补偿可以用 D00。 (　　)

14. 在钻孔固定循环方式中，刀具长度补偿功能有效。 (　　)

15. 球头刀可以使用刀具半径补偿。 (　　)

16. D 代码数据有正负值之分，此值为正时 G42 表示右补偿。 (　　)

17. D 代码数据有正负值之分，此值为正时 G41 表示左补偿。 (　　)

18. “G42 G03 X50. Y60. R30. ;”是条格式正确的程序段。 (　　)

19. G04 为非模态指令，“G04 X1. 6;”中的 1. 6 表示 1. 6 s。 (　　)

20. FANUC 系统程序段“G04 P1000;”中 P 指令后面的数字是子程序号。 (　　)

21. G04 是暂停指令，只能使机床主轴停转。 (　　)

22. “G28 Z50. 0;”中的 Z50. 0 为参考点在工件坐标系中的坐标。 (　　)

23. 数控编程中，刀具直径不能编错，不然会出现过切。 (　　)

24. 机床在自动加工时，必须等刀具移动停止后才可利用进给速度倍率旋钮调节进给速度。 (　　)

25. 加工任意斜线轨迹时，理想轨迹都不可能与实际轨迹完全重合。 (　　)

26. “G90 G94 G40 G80 G17 G21 G54;”中出现了多个 G 代码，因此，该程序段不是一个规范正确的程序段。 (　　)

四、简答题

程序段“G90 X20. 0 Y15. 0;”与“G91 X20. 0 Y15. 0;”有什么区别?

五、编程题

1. 编写图 4－1 所示零件的加工程序。

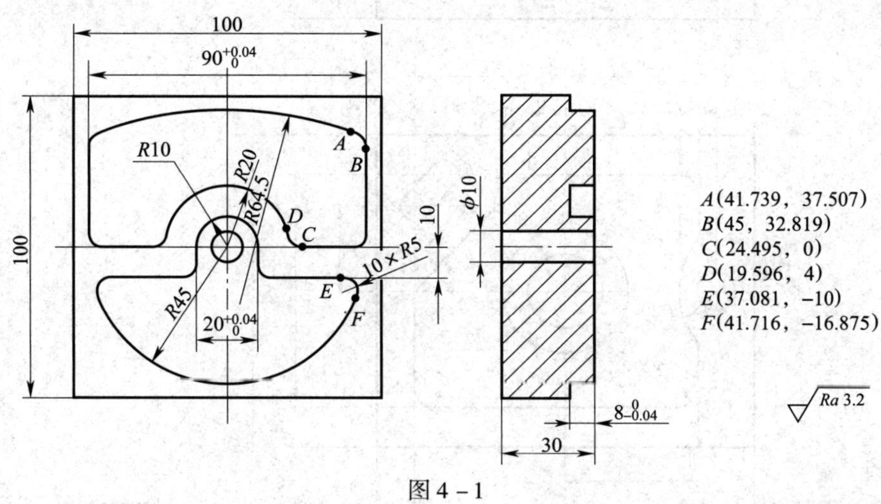

图 4－1

2. 编写图 4－2 所示零件的加工程序。

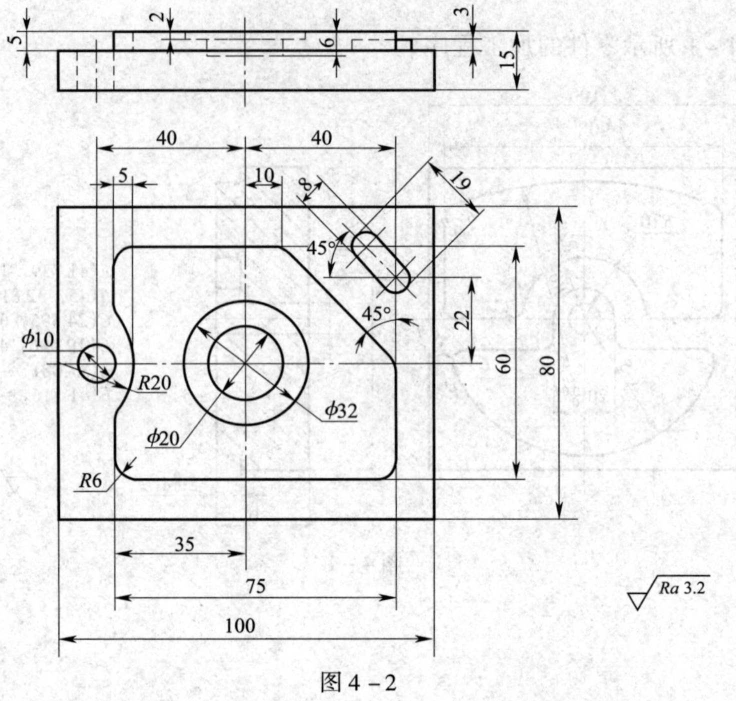

图 4－2

3．编写图 4－3 所示零件的加工程序。

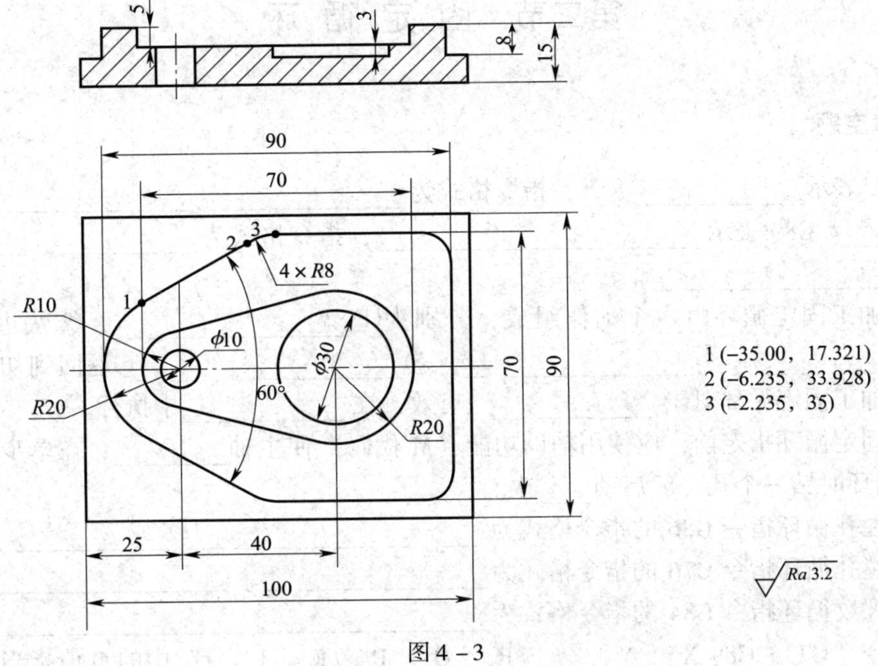

图 4－3

第二节 固定循环

一、填空题

1. G88 表示________________，指令格式为____。G89 表示________________________，指令格式为____。

2. 孔加工固定循环由六个动作组成，分别为①________________，②快进到 *R* 点，③________________，④________________，⑤________________，⑥返回到初始点。

3. 孔加工固定循环对于______________有效，在___________中执行。

4. 在固定循环指定前，应使用辅助功能（M 代码）使主轴________；在单步进给模式执行固定循环时钻一个孔一般启动____次。

5. 粗镗孔循环指令 G86 的指令格式为____。

6. 精镗孔循环指令 G76 的指令格式为____。

7. 攻螺纹循环指令 G84 的指令格式为____。

8. 指令"G73～G89 X __ Y __ Z __ R __ Q __ P __ F __ L __;"中的 Q 值指当有间隙进给时，刀具每次的________________，P 值指刀具在孔底的_____________，F 值指刀具切削时的___________。

9. 当刀具加工到孔底平面后，刀具从孔底平面返回的方式有两种，即返回到__________和返回到_________，分别用指令______与______来表示。

10. __________指令为攻左旋螺纹循环，执行该循环时主轴__________，在 G17 平面定位后__________，执行攻螺纹，到达孔底后主轴__________退回到 *R* 点，主轴恢复__________，完成攻螺纹动作。

11. 指定固定循环的重复次数时，如果不指定 K 值，则只进行__________循环；K=0 时，机床__________。

二、选择题

1. 系统规定三轴联动加工中心的（　　）轴可采用刀具长度补偿。

A. *Z*　　B. *X*　　C. *Y*　　D. 所有

2. 利用刀具长度补偿功能进行工件坐标系 *Z* 向零点偏置值的设定，则设在刀具长度补偿存储器中的值为（　　）。

A. 负值　　B. 正值　　C. 零值　　D. 不确定

3. 设 H01=6 mm，则执行程序段"G91 G01 Z－15 H01;"后，实际移动量是（　　）mm。

A. 9　　B. 21　　C. 15　　D. 6

4. 设 H01=2 mm，则执行程序段"G91 G44 G01 Z－20 H01 F100;"后，刀具实际移动距离为（　　）mm。

A. 30　　B. 18　　C. 22　　D. 20

5. 设 H01 = -10 mm，则执行程序段“G91 G44 G01 Z -20 H01 F100;”后，刀具实际移动距离为（　　）mm。

A. 10　　B. 30　　C. 22　　D. 20

6. 补偿值为 5 mm，则执行程序段“G19 G43 G90 G01 X100 Y30 Z50 H01;”后，刀位点的位置为（　　）。

A. X105 Y35 Z55　　B. X100 Y35 Z50

C. X105 Y30 Z50　　D. X100 Y30 Z55

7. 采用固定循环编程，可以（　　）。

A. 加快切削速度，提高加工质量

B. 缩短程序的长度，减少程序所占内存

C. 减少换刀次数，提高切削速度

D. 减小吃刀深度，保证加工质量

8. 孔系加工时，孔距精度与数控系统的固定循环功能（　　）。

A. 有关　　B. 无关　　C. 有点关系　　D. 不确定

9. 下列指令中，刀具以切削进给方式加工到孔底，然后以切削进给方式返回到 *R* 点平面的指令是（　　）。

A. G85　　B. G86　　C. G87　　D. G88

10. FANUC 系统中可实现孔底主轴准停，刀具向刀尖相反方向移动 Q 值后快速退刀的指令是（　　）。

A. G76　　B. G85　　C. G81　　D. G87

11. FANUC 系统中细长孔的钻削宜采用固定循环指令（　　）。

A. G81　　B. G83　　C. G73　　D. G76

12. 下列孔加工指令中，能执行孔底暂停功能的是（　　）。

A. G73　　B. G81　　C. G82　　D. G83

13.（　　）可修正上一工序所产生的孔的轴线位置偏差，保证孔的位置精度。

A. 车孔　　B. 扩孔　　C. 铰孔　　D. 钻孔

14. 关于 G81 与 G85 的说法中，正确的是（　　）。

A. 前者以进给速度 F 返回，后者快速返回

B. 两者均以进给速度 F 返回

C. 前者快速返回，后者以进给速度 F 返回

D. 两者均快速返回

15. 确定 *R* 点平面距工件表面的距离时应主要考虑工件表面的尺寸变化，一般情况下取（　　）mm。

A. 0 ~ 1　　B. 2 ~ 5　　C. 6 ~ 8　　D. 9 ~ 10

16. 固定循环中，刀具从初始平面到 *R* 点平面的移动方式由（　　）确定。

A. G00　　B. G01

C. 不同的固定循环　　D. 编程

17. 孔加工循环中，（　　）到零件表面的距离可以任意设定在一个安全的高度上。

A. 初始平面　　B. *R* 点平面　　C. 孔底平面　　D. 零件平面

18. 固定循环指令中P值的单位是（ ）。

A. s　B. ms　C. m　D. mm

19. 在钻深孔时，为便于排屑和散热，加工中宜（ ）。

A. 重复进行进给和进给暂停的动作　B. 连续进给

C. 重复进行进给和退出的动作　D. 重复进行进给

20. 固定循环指令 G87 在 G91 方式下的 R 值为（ ）值。

A. 正　B. 负

C. 可能正，可能负　D. 零

21. 下列指令中，刀具以切削进给方式加工到孔底，然后主轴停转，刀具快速退到 *R* 点平面后主轴正转的是（ ）。

A. G85　B. G86　C. G87　D. G88

22. 在钻孔加工时，刀具自快进转为工进的高度平面称为（ ）。

A. 初始平面　B. 抬刀平面　C. *R* 点平面　D. 孔底平面

23. 执行 G76 指令时，刀具从孔底平面以主轴（ ）方式退回 *R* 点平面。

A. 正转快速进给　B. 正转切削进给

C. 准停快速进给　D. 反转切削进给

24. 执行固定循环指令（ ）时，主轴刀具在孔底的动作为暂停后变为正转。

A. G74　B. G76　C. G84　D. G86

25. 下列选项中，在切削过程中主轴反转，在返回过程中主轴正转的固定循环指令是（ ）。

A. G74　B. G84　C. G76　D. G86

26. 数控系统准备功能中，在固定循环中返回 *R* 点平面的指令是（ ）。

A. G98　B. G99　C. G44　D. G43

27. 数控系统准备功能中，在固定循环中返回初始平面的指令是（ ）。

A. G98　B. G99　C. G44　D. G43

28. 程序段“G99 G84 X80. 0 Y80. 0 Z－25. 0 R10 F2. 0;”中的 F2. 0 表示（ ）。

A. 螺距　B. 每转进给量　C. 进给速度　D. 抬刀高度

29. “G90 G99 G83 X __ Y __ Z __ R __ Q __ F __ L __”中的 Q 值表示（ ）。

A. 退刀高度　B. 孔加工循环次数

C. 孔底暂停时间　D. 刀具每次进给深度

30. 下列指令中能用于镗孔的是（ ）。

A. G82　B. G84　C. G85　D. G73

31. 在坐标点（50，50）钻一个深 10 mm 的孔，*Z* 轴坐标原点位于零件表面上，则指令为（ ）。

A. G85 X50. 0 Y50. 0 Z－10. 0 R0 F50;

B. G81 X50. 0 Y50. 0 Z－10. 0 R0 F50;

C. G81 X50. 0 Y50. 0 Z－10. 0 R5. 0 F50;

D. G83 X50. 0 Y50. 0 Z－10. 0 R5. 0 F50;

32. 一般情况下，（ ）的螺纹孔可在加工中心上完成攻螺纹。

A. M55 以上　　B. M2 ~ M6　　C. M40 左右　　D. M6 ~ M20

33. 铰孔是（　　）孔的主要方法之一。

A. 粗加工　　B. 半精加工　　C. 精加工　　D. 精粗加工均可

34. G74 指令的功能是（　　）。

A. 预置功能　　B. 固定循环　　C. 增量尺寸　　D. 以上都不对

35. G76 指令的功能中包含（　　）。

A. *Y* 向运动　　B. *X* 向运动　　C. 主轴准停　　D. 加工螺纹

36. FAUNC 系统循环指令中，G80 为（　　）指令。

A. 反镗孔循环　　B. 镗孔循环　　C. 取消固定循环　　D. 攻螺纹循环

37. 如果选择 *XY* 平面，孔加工时将在（　　）上定位。

A. *XY* 平面　　B. *YZ* 平面　　C. *XZ* 平面　　D. 初始平面

三、判断题

1. 加工中心与数控铣床在程序编制方面的本质区别在于自动换刀功能。（　　）

2. 加工中心和数控车床一样，换刀点的位置是任意的。（　　）

3. 执行孔加工固定循环程序，刀具在初始平面内的移动是以 G00 指令实现的。（　　）

4. 孔加工循环指令加工通孔时，一般刀具要伸长超过工件底平面一段距离，主要目的是保证全部孔深都加工到尺寸。（　　）

5. 固定循环中的孔底暂停是指刀具到达孔底后主轴暂时停止转动。（　　）

6. G83 指令中每次间隙进给后的退刀量 *d* 由固定循环指令确定。（　　）

7. 在钻镗加工中，钻入或镗入工件的方向是 *Z* 轴正方向。（　　）

8. 攻螺纹循环指令 G84 的进给速度有严格要求。（　　）

9. 在用 G74 指令攻左旋螺纹时，进给倍率调整无效。（　　）

10. FANUC 系统的固定循环指令中 Q 值在 G73、G83 中指定的是每次进给钻削深度，在 G76、G87 中指定的是刀具的退刀量。（　　）

11. 任何数控机床的刀具长度补偿指令补偿的都是刀具的实际长度与标准刀具长度的差值。（　　）

12. 固定循环指令以及 Z、R、Q、P 指令都是模态的，一直生效直到用 G90 取消为止。（　　）

13. 精镗孔指令 G76 有主轴准停功能。（　　）

14. 初始平面的设定高度一般应大于夹具、工件凸台等的高度。（　　）

15. 数控铣床常用的固定循环功能主要用于钻孔、镗孔、攻螺纹等。（　　）

16. 孔加工固定循环除采用 G80 指令取消外，没有其他取消方法。（　　）

17. 加工通孔时，孔底平面高度取孔底的 *Z* 轴高度即可。（　　）

18. 采用循环指令 G88 进行镗孔，不仅能提高孔的加工精度，还能提高镗孔的加工效率。（　　）

19. 固定循环指令 G87 在 G91 方式下的 R 值为正值，其他固定循环指令在 G91 方式下的 R 值为负值。（　　）

20. 执行 G87 指令时，刀具将分别在初始平面和孔底平面实现主轴准停。（　　）

21．G76 指令执行完成返回初始平面后，主轴中心线与孔中心线发生了偏移，偏移量等于 Q 值。（　）

22．在指定固定循环指令 G74 前，应先指定主轴反转。（　）

23．利用同一把螺纹铣刀可以铣削不同螺距、不同旋向的螺纹。（　）

24．G85、G87 均可用于车孔。（　）

25．当刀具尺寸改变时，只有重新修改数控铣床的程序后才能继续加工。（　）

四、简答题

1．试述孔加工固定循环的工作过程。

2. 试述钻深孔循环指令 G73 与 G83 的区别。

3. 在加工中心上攻螺纹，应如何确定螺纹底孔直径？

五、编程题

1. 编写图 4－4 所示零件的加工程序。

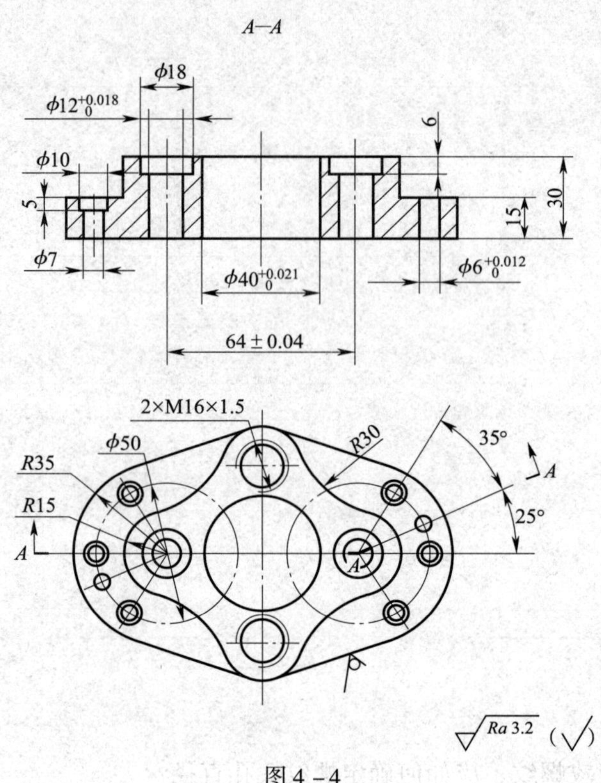

图 4－4

2. 编写图 4 - 5 所示零件的加工程序，毛坯尺寸为 102 mm × 102 mm × 15 mm。

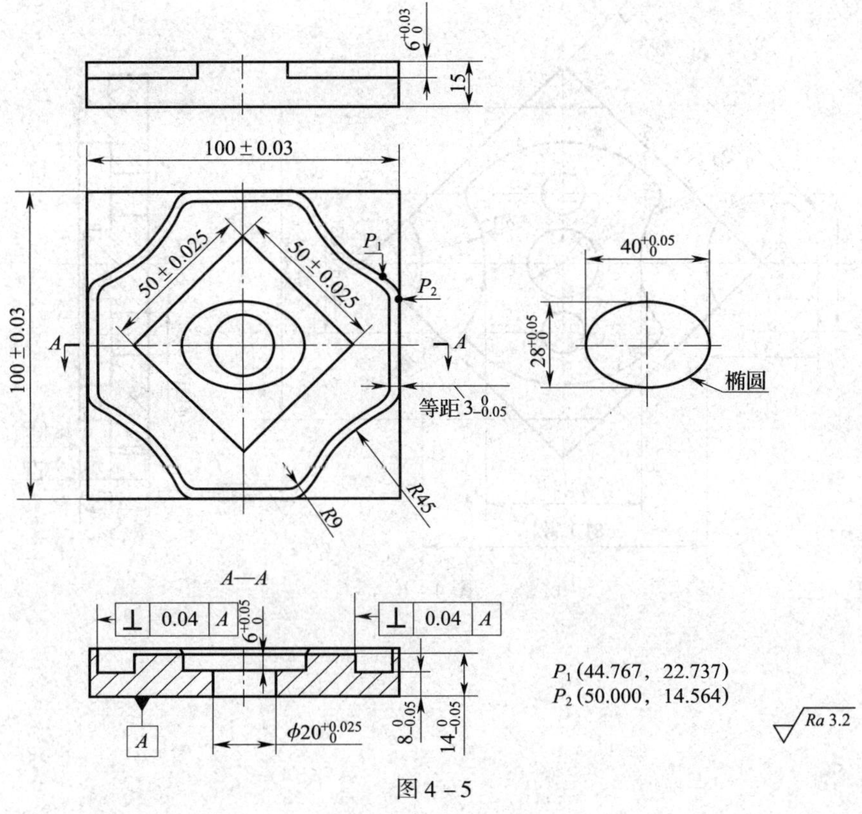

图 4 - 5

3. 编写图 4－6 所示零件的加工程序。

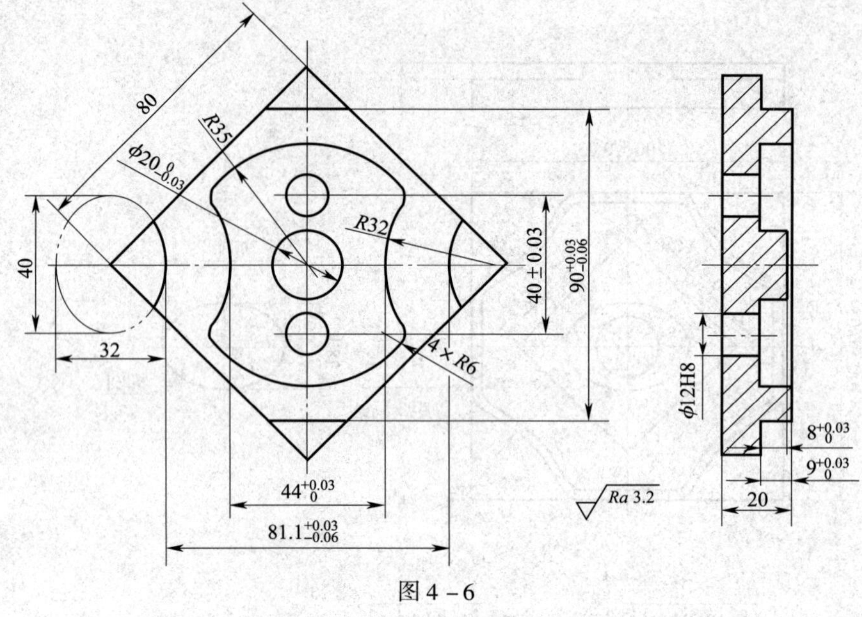

图 4－6

4．编写图 4－7 所示零件的加工程序。

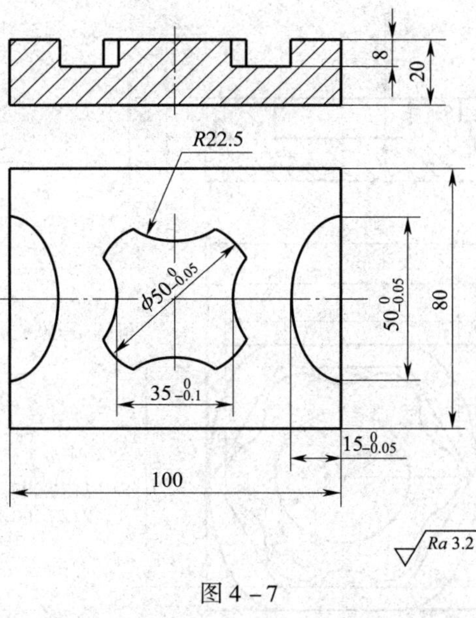

图 4－7

5．编写图 4－8 所示零件的加工程序。

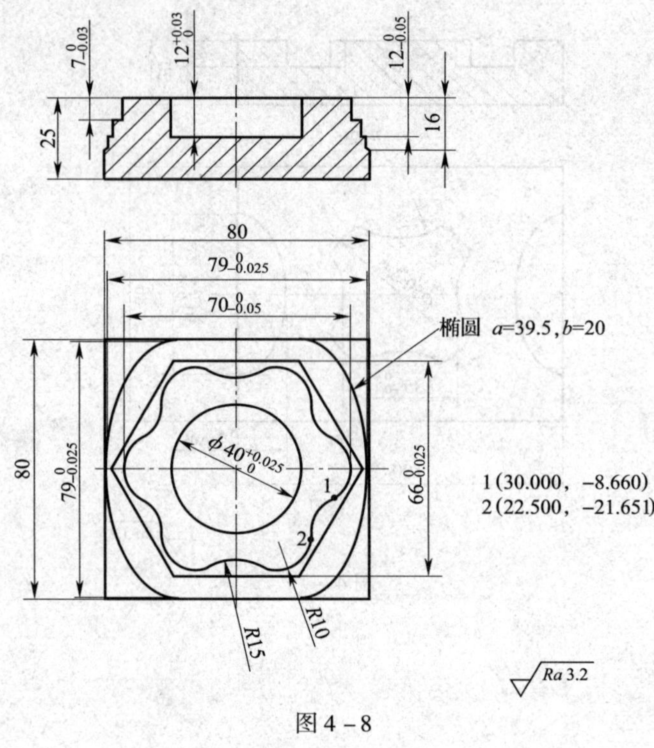

图 4－8

6. 编写图 4－9 所示零件的加工程序。

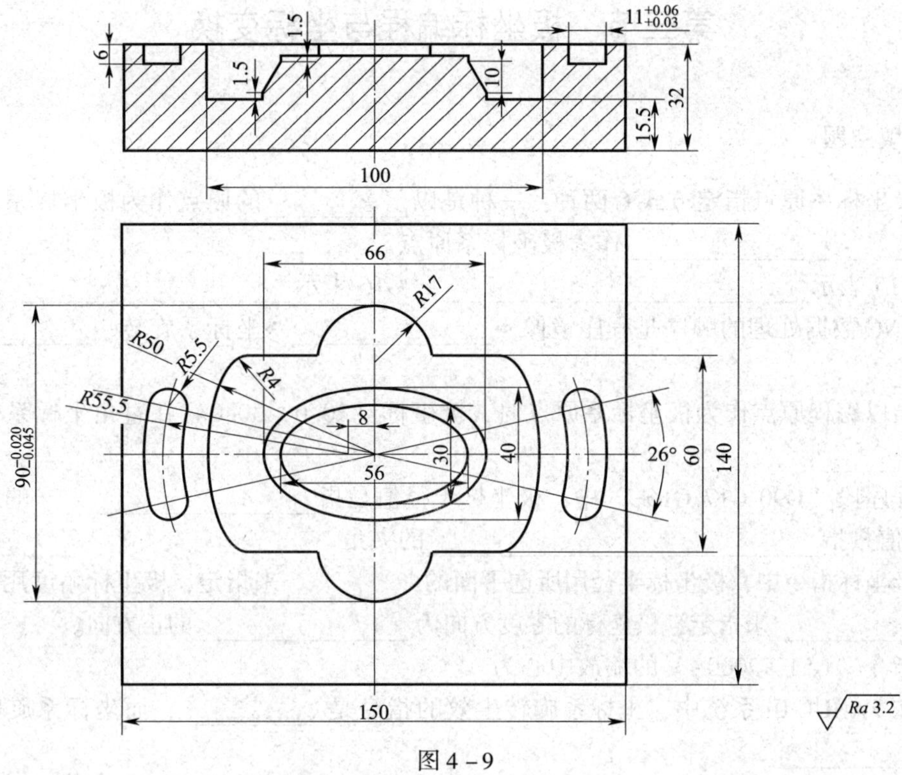

图 4－9

第三节　极坐标编程与坐标变换

一、填空题

1. 极坐标系原点指定方式有两种：一种是以__________的原点作为极坐标系原点，另一种是以____________________作为极坐标系原点。

2. G15 表示__________________________，G16 表示__________________________。

3. CNC 数据处理的顺序是程序镜像→______________→坐标系旋转→________________________。

4. 当以编程原点作为极坐标系原点时，极坐标（20.0，30.0）在直角坐标系中的坐标为___________。

5. 程序段“G90 G17 G16；”中，极坐标半径值是指____________________的距离，极坐标角度值是指___________________________的夹角。

6. 极坐标指令中，极坐标半径用所选平面的_________来指定，极坐标角度用所选平面的_______________来指定，极坐标的零度方向为_______________的正方向。

7. 指令“G51 P2000；”的缩放中心为__________。

8. 在 FANUC 0i 系统中，坐标系旋转生效的指令是__________，而坐标系旋转取消的指令是__________。

9. 指令“G68 X20.0 Y20.0 R30.0；”表示以坐标点________作为旋转中心，______时针旋转 30°。

10. 执行程序段“G68 X0 Y0 R45.0；G01 X-10.0 Y10.0；”后，刀具中心所处位置在原坐标系中的坐标是__________。

11. 指令“G51 X __ Y __ Z __ P __ ；”中 X、Y、Z 值的作用有两个：第一，选择比例缩放的轴；第二，指定__________。P 值为进行缩放的__________。

12. “G17 G51.1 X20.0；”表示____。

13. 当指令“G51 X __ Y __ I __ J __ ；”中的 I、J 值为负值且不等于 -1 时，该指令表示既进行__________，又进行__________。

二、选择题

1. 指定不同的缩放比例加工圆弧时，数控铣床的操作是（　　）。

A. 加工椭圆

B. 加工圆弧，其半径根据 I、J 值中的较大值进行缩放

C. 加工圆弧，其半径根据 I、J 值中的较小值进行缩放

D. 数控机床不能这样指定

2. 下列零件中，（　　）宜采用极坐标编写程序。

A. 正多边形　　B. 圆周分布的孔类零件

C. 以半径与角度形式标示的零件　　D. 都可以

3．执行程序段“G68 X20.0 Y0.0 R30.0；G01 X10.0 Y.0 F100；”后，刀具中心所到达的位置为（　　）。

A．（10.0，0）　　B．（8.66，5.0）

C．（11.34，-5.0）　　D．（11.34，5.0）

4．在坐标系旋转方式中，只能指定（　　）。

A．G28　　B．G92

C．G41　　D．G51

5．在FANUC系统中，程序段“G68 X0 Y0 R40.0；”中的R值是（　　）。

A．半径值　　B．顺时针旋转40°

C．逆时针旋转40°　　D．循环参数

6．指令“G51 X2.0 Y1.5；”的缩放比例为（　　）。

A．2.0　　B．1.5

C．不等比例缩放　　D．由系统参数确定

7．指令“G51 X＿Y＿I＿J＿；”中的I、J值表示（　　）。

A．起点相对于圆心的向量值

B．终点相对于圆心的向量值

C．X、Y轴向的比例缩放倍数

D．比例缩放中心的X、Y坐标位置

8．如果在比例缩放程序中编写刀具半径补偿，则刀具补偿程序段写在缩放程序段的（　　）。

A．内部　　B．外部

C．无所谓　　D．不能编写刀具补偿程序

9．G17平面不等比例缩放的圆弧插补，圆弧半径将根据（　　）进行缩放。

A．I、J值中的较大值

B．I、J值中的较小值

C．I、J值不等比例缩放

D．系统参数指定的缩放比例

10．FANUC系统的镜像功能指令是（　　）。

A．G16　　B．G51

C．G51.1　　D．G68

11．在执行以下镜像指令过程中，刀具半径补偿的偏置方向与镜像前没有变化的是（　　）。

A．G51.1 X10.0 Y10.0；　　B．G51 X10.0 I-1.0；

C．G51.1 X10.0；　　D．G51.1 Y10.0；

12．在镜像加工时，第Ⅰ象限的顺时针G02圆弧，到了其他象限则（　　）。

A．Ⅱ、Ⅲ为顺圆，Ⅳ为逆圆

B．Ⅱ、Ⅳ为顺圆，Ⅲ为逆圆

C．Ⅱ、Ⅳ为逆圆，Ⅲ为顺圆

D．Ⅱ、Ⅲ为逆圆，Ⅳ为顺圆

13. 下列程序段中，（　　）表示以工件坐标系原点作为极坐标系原点。

A. G90 G17 G16；　　　　B. G90 G17 G15；

C. G91 G17 G16；　　　　D. G91 G17 G15；

14. 在 G18 平面中使用极坐标编写程序，极坐标半径由（　　）值指定。

A. X　　　　B. Y

C. Z　　　　D. A

15. 在 FANUC 系统中，程序段“G17 G16 G90 X100. 0 Y30. 0；”中的 X 值是（　　）。

A. *X* 坐标位置

B. 极坐标系原点到刀具中心的距离

C. 旋转角度

D. 时间参数

三、判断题

1. 指令“G51. 1 X10. 0；”的镜像轴为过点（10. 0，0）且平行于 *Y* 轴的轴线。（　　）

2. 极角的零度方向为第一轴的水平正方向，在工作平面的水平轴逆时针旋转为正，顺时针旋转为负。（　　）

3. 当选择 G18 平面后，该平面中的极坐标半径用所选平面的地址 Z 值来指定。（　　）

4. 执行指令“G51. 1 X10. 0；”后，原程序中的左刀补变成了右刀补。（　　）

5. 在极坐标编程过程中要特别注意，极坐标编程不能用于子程序，否则将会出现程序报警。（　　）

6. 指令“G51 X1. 5 Y2. 0 P2000；”中的 P 值不能用小数点指定，且 P2000 表示等比例放大两倍。（　　）

7. 指令“G51 X1. 5 Y2. 0；”表示在 *X* 轴方向的缩放比例是 1. 5，在 *Y* 轴方向的缩放比例是 2. 0。（　　）

8. FANUC 系统圆弧插补指令中也能采用极坐标编程。（　　）

9. 进行坐标系旋转编程后，刀具半径补偿的偏置方向将发生变化，即左刀补变为右刀补，而右刀补相应变成左刀补。（　　）

10. 坐标系旋转指令中的 R 值表示坐标系旋转的角度，该角度一般取 0°～360°的正值。（　　）

11. 对于 FANUC 0i 系统，在坐标系旋转取消指令以后的第一个移动指令必须用绝对值指定，否则将不执行正确的移动。（　　）

12. 在坐标系旋转方式中，不能指定坐标系零点偏置指令 G54～G59，但能指定返回参考点指令 G28。（　　）

13. 不能在坐标系旋转指令中执行镜像指令或比例缩放指令，也不能在坐标系旋转指令中执行刀具半径补偿指令。（　　）

四、编程题

1. 编写图 4－10 所示零件的加工程序。

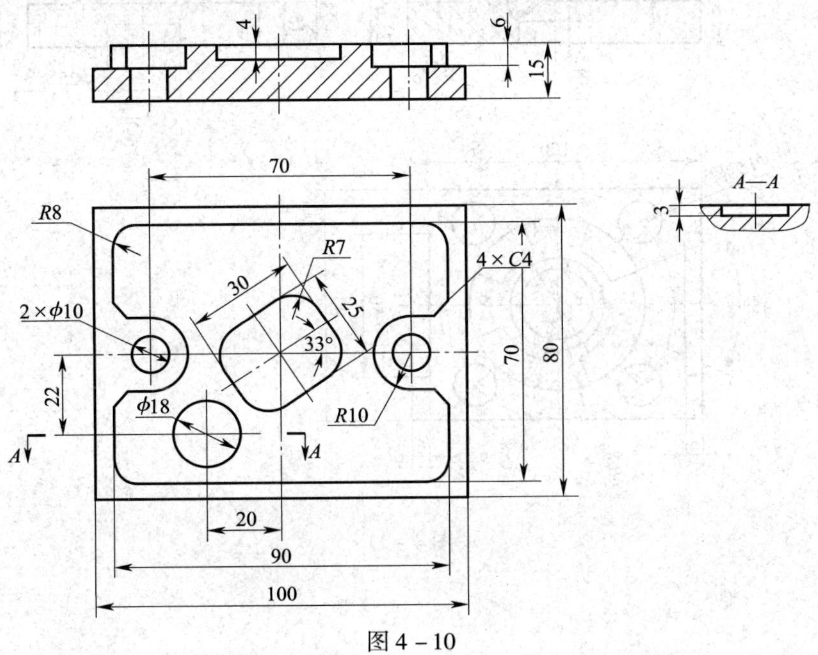

图 4－10

2. 编写图 4－11 所示零件的加工程序，毛坯尺寸为 100 mm×80 mm×25 mm。

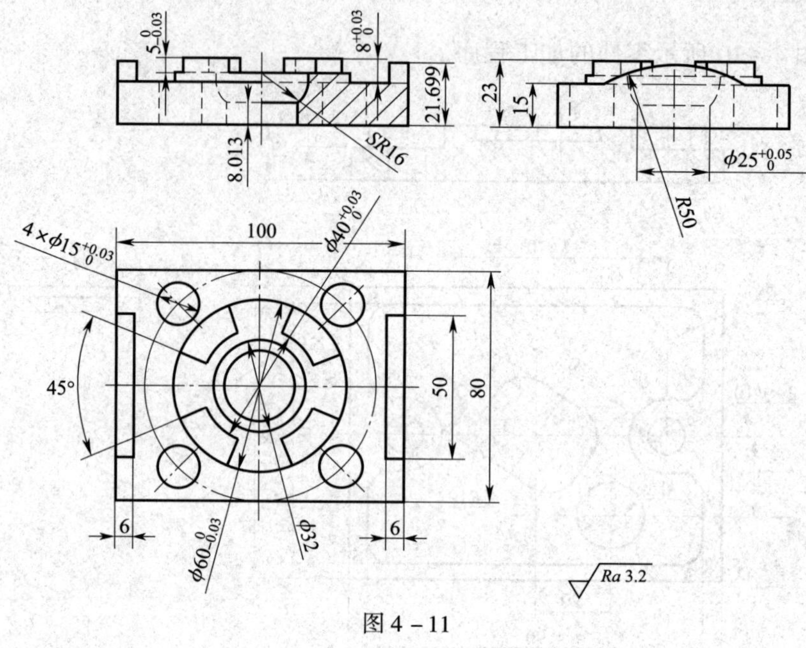

图 4－11

第五章　SIEMENS 系统数控铣床与加工中心编程

第一节　常用功能指令

一、填空题

1. 在 SIEMENS 802D 系统数控铣床上，使用 G33 指令编制程序时，螺纹旋向由________确定。

2. 在 SIEMENS 802D 系统数控铣床上，等螺距螺纹切削指令格式为“G33 Z __K __”，其中 K 值表示________。

3. 程序段“N40 G03 X0 Y0 Z－33 I0 J－25 TURN＝3”中的终点坐标为______，加工螺旋线的圈数为______。

4. 程序段“G63 Z－25 F450”中螺距由______确定。

5. 螺纹插补中用 G331 ________，用 G332 ________，用指令______使主轴处于位置控制运行状态。

6. G331/G332 在加工螺纹时坐标轴速度由______和______确定。

7. 程序段“N30 G94 G01 A30 F100”表示 A 轴以________的进给速度运行到______位置。

二、选择题

1. “G02/G03 AR＝__ X __ Y __”表示用（　　）编写圆弧加工程序。

   A. 圆弧终点和圆心　　B. 半径和圆弧终点

   C. 圆心角和圆心　　D. 圆心角和圆弧终点

2. “G02/G03 AR＝__ I __ J __”表示用（　　）编写圆弧加工程序。

   A. 圆弧终点和圆心　　B. 半径和圆弧终点

   C. 圆心角和圆心　　D. 圆心角和圆弧终点

3. “G02/G03 CR＝__ X __ Y __”表示用（　　）编写圆弧加工程序。

   A. 圆弧终点和圆心　　B. 圆心角和圆心

   C. 半径和圆弧终点　　D. 圆心角和圆弧终点

4. “G02/G03 X __ Y __ I __ J __”表示用（　　）编写圆弧加工程序。

   A. 圆弧终点和圆心　　B. 圆心角和圆心

   C. 半径和圆弧终点　　D. 圆心角和圆弧终点

5. 下列指令中，一般不作为 SIEMENS 系统子程序结束标记的是（　　）。

   A. M99　　B. M17　　C. M02　　D. RET

6. 在 SIEMENS 系统中，子程序的最后一个程序段以（　　）命令结束返回主程序。

A. M00　　B. M01　　C. M02　　D. M03

7. 某加工程序中的一个程序段为“N003 G91 G18 G94 G02 X30.0 Y35.0 I30.0 F100 LF”，该程序段的错误在于（　　）。

A. 不应该用 G91　　B. 不应该用 G18

C. 不应该用 G94　　D. 不应该用 G02

8. 在 SIEMENS 802D 数控铣床上回参考点指令的编程格式为（　　）。

A. G75 X = 0 Y = 0 Z = 0　　B. G74 X1 = 0 Y1 = 0 Z1 = 0

C. G75 X0 Y0 Z0　　D. G74 X0 Y0 Z0

9. 指令“Y = IC（　）”表示（　　）。

A. *Y* 轴以增量尺寸输入，模态方式

B. *Y* 轴以增量尺寸输入，程序段方式

C. *Y* 轴以绝对尺寸输入，程序段方式

D. *Y* 轴以绝对尺寸输入，模态方式

10. 指令“X = AC（　）”表示（　　）。

A. *X* 轴以增量尺寸输入，模态方式

B. *X* 轴以增量尺寸输入，程序段方式

C. *X* 轴以绝对尺寸输入，程序段方式

D. *X* 轴以绝对尺寸输入，模态方式

11. 在 SIEMENS 加工中心上，G700 指令表示（　　）。

A. 米制尺寸，也适用于进给速度 F

B. 米制尺寸，不适用于进给速度 F

C. 英制尺寸，也适用于进给速度 F

D. 英制尺寸，不适用于进给速度 F

12. 在 SIEMENS 加工中心上，G710 指令表示（　　）。

A. 米制尺寸，也适用于进给速度 F

B. 米制尺寸，不适用于进给速度 F

C. 英制尺寸，也适用于进给速度 F

D. 英制尺寸，不适用于进给速度 F

13. SIEMENS 系统的调用子程序指令“L0005 P2”表示（　　）。

A. 调用子程序 O2 五次　　B. 调用子程序 L5 两次

C. 调用子程序 L0005 两次　　D. 调用子程序 P2 五次

14. “G02 X100 Y100 Z -30 CR = 20 TURN = 15 F100”中 CR 与 TURN 表示（　　）。

A. 半径和圈数　　B. 圈数和半径

C. 距离与半径　　D. 半径与长度

三、判断题

1. “CT X30 Y80”加工的是一条与圆弧相切的直线。（　　）

2. SIEMENS 数控铣床上绝对值编程只能用 G90。（　　）

3. 程序段“G02 X50 Y40 I1 =40 J1 =45”加工的是圆弧，其圆心坐标为（40，45）。（ ）

4. 执行 G00 指令时刀具沿一条直线运行。（ ）

5. 程序段“N20 CFC __ LF N30 G02 X __ Y __ I __ J __ F350 LF”表示进给速度在轮廓处有效。（ ）

6. SIEMENS 数控铣床上可以编写圆弧加工程序段“G03 X50 Y40 I1 =40 J1 =45”。（ ）

7. 圆弧插补指令中，只有用圆心和终点定义的程序段格式才可以加工整圆。（ ）

8. SIEMENS 数控铣床上可以编写圆弧加工程序段“G02 X35 Y30 CR12”。（ ）

9. SIEMENS 数控铣床上可以编写圆弧加工程序段“G03 X30 Y40 AR =120”。（ ）

10. SIEMENS 数控铣床上可以编写圆弧加工程序段“N10 G01 X30 F200 LF；N20 CT X80 Y60 LF；”。（ ）

11. SIEMENS 数控铣床上可以编写圆弧加工程序段“G02 I15 J 8 AR =120”。（ ）

12. CHF = 与 CHR = 一样。（ ）

13. G331、G332 指令要求主轴必须是位置控制的主轴，且具有位置测量系统。（ ）

14. FANUC 与 SIEMENS 系统在编程时方法与格式是一致的。（ ）

15. “N10 SPOS =45”表示主轴准停在 45°处。（ ）

16. “N10 G25 S30”表示主轴转速下限为 30 r/min。（ ）

17. “N20 G26 S3000”表示主轴转速上限为 3 000 r/min。（ ）

18. 程序段“G332 Z5 K1.5”用于攻螺纹，K 值为正表示主轴正转。（ ）

19. “G01 A90 F3000”表示仅 *A* 轴以 3 000 mm/min 的进给速度运行到 90°位置。（ ）

20. 程序段“G33 Z－25 K0.8”表示攻螺纹，终点坐标为 Z－25。（ ）

21. 主轴准停指令“SPOS = ACP（ ）”表示绝对值输入，在反方向逼近位置。（ ）

22. 指令“A = ACP（55.7）”表示在正方向逼近位置 55.7°。（ ）

23. 应用 G331/G332 指令加工螺纹时，螺距 K 值表示加工右旋螺纹，在加工过程中，主轴正转。（ ）

24. 等螺距螺纹切削指令 G33 的螺距由相应的 I、J 或 K 值决定。（ ）

25. 使用 G33 指令可以加工等螺距螺纹，其螺纹的旋向由主轴的旋转方向确定，主轴顺时针旋转时表示加工左旋加工螺纹。（ ）

26. 指令“G02 X50 Y40 I1 =40 J1 =45”中的参数 I1、J1 是相对于圆心的坐标。（ ）

27. 螺旋插补指令“G02/G03 AR = __ I __ J __ TURN = __”中，参数 TURN 为导程。（ ）

四、简答题

应用 G331/G332 指令加工螺纹的前提是什么？怎样确定螺纹的旋向？

五、编程题

1. 编写图 5－1 所示零件的加工程序。

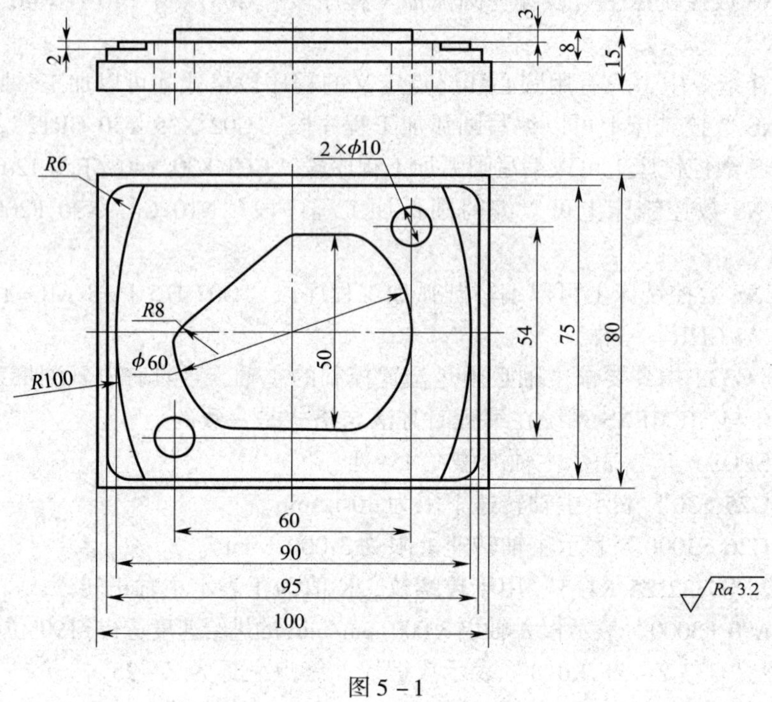

图 5－1

2. 编写图 5－2 所示零件的加工程序。

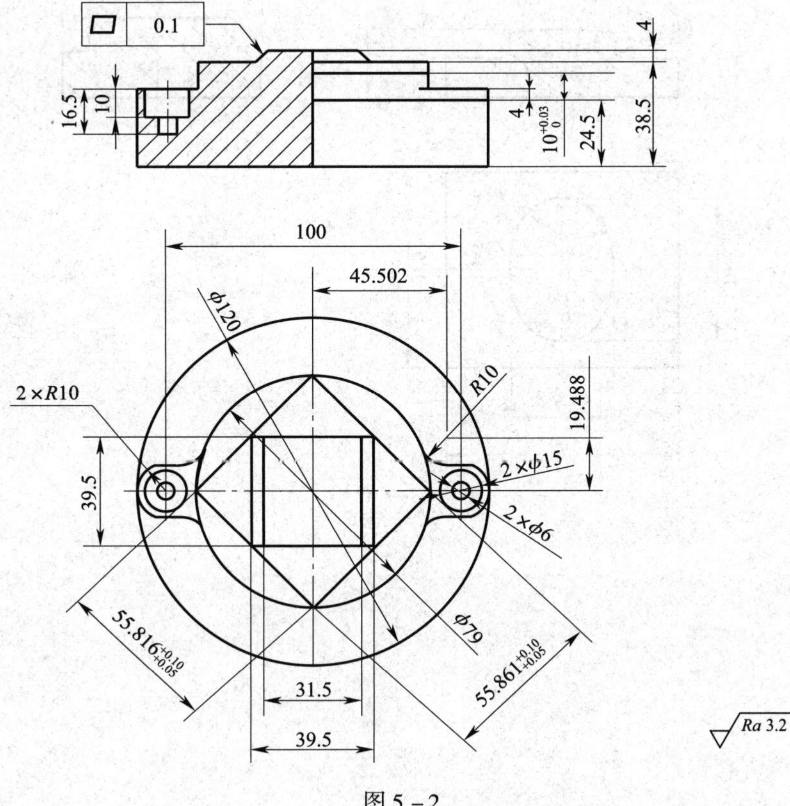

图 5－2

3．编写图 5－3 所示零件的加工程序，毛坯尺寸为 100 mm×100 mm×36 mm。

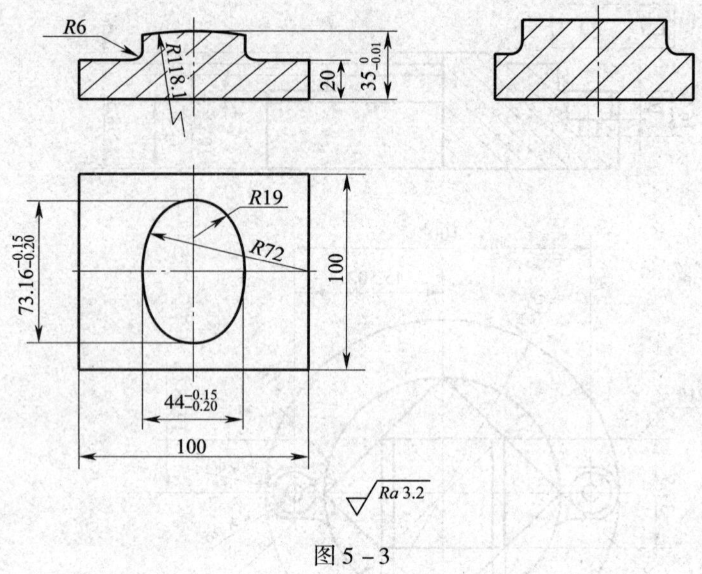

图 5－3

4．编写图 5－4 所示零件的加工程序，毛坯尺寸为 210 mm × 150 mm × 70 mm。

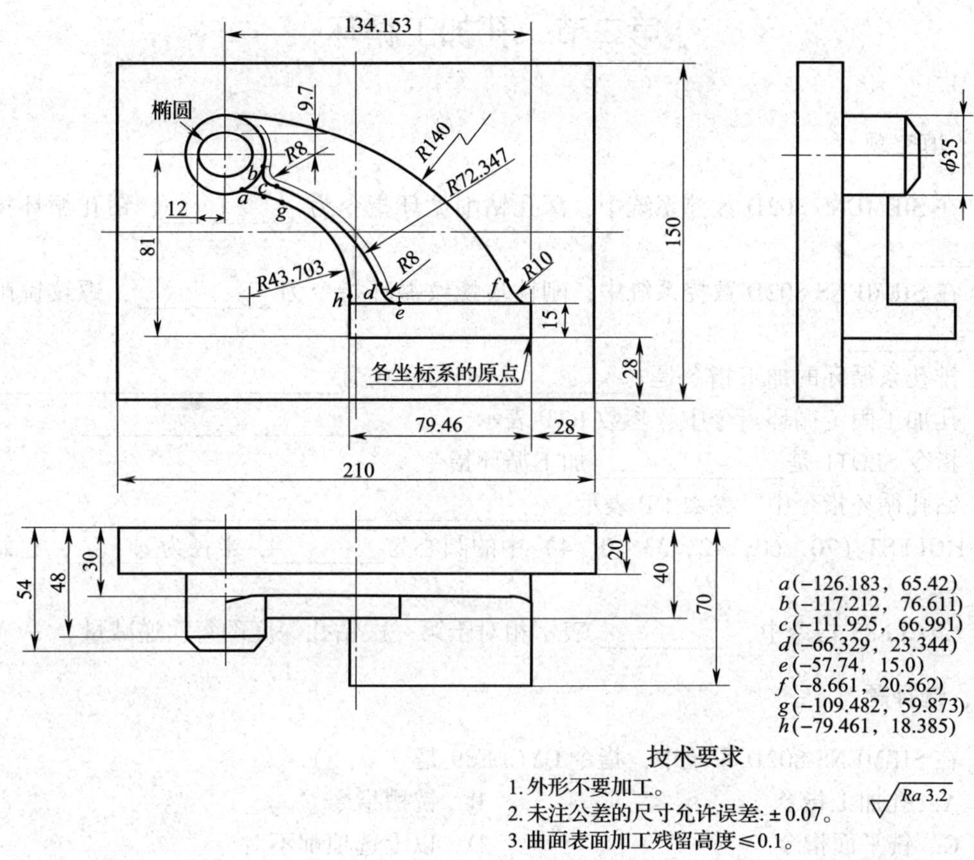

图 5－4

第二节　孔加工循环

一、填空题

1. 在 SIEMENS 802D 数控系统中，深孔钻削循环指令为__________，钻孔循环指令为__________。

2. 在 SIEMENS 802D 数控系统中，刚性攻螺纹循环指令为__________，螺纹铣削循环指令为__________。

3. 排孔系循环的加工指令是__________，书写格式为__________________________。

4. 孔加工固定循环指令中，参数 RTP 表示____________________________。

5. 指令 SLOT1 是______________加工循环指令。

6. 钻孔循环指令中，参数 DP 表示____________________________。

7. HOLES2（70，60，42，33，0，4）中的圆心为________，半径为______，起始角是________。

8. CYCLE83 指令中，__________表示相对于第一次钻孔深度的每次递减量。

二、选择题

1. 在 SIEMENS 802D 系统中，指令 CYCLE89 是（　　）。

A. 孔加工指令　　B. 铣槽指令
C. 铣平面指令　　D. 以上选项都不对

2. 在（50，50）上钻一个直径 20 mm、深 10 mm 的通孔，Z 轴的坐标原点位于零件的上表面，正确的程序段是（　　）。

A. CYCLE81（50，0，0，－13，2）
B. CYCLE81（50，0，0，－13）
C. CYCLE81（50，0，3，－13）
D. CYCLE83（50，0，0，－13，－13，5，2，1，1，1，0）

3. “CYCLE82（RTP，RFP，SDIS，DP，DPR，DTB）”中，DTB 表示（　　）。

A. 返回平面　　B. 安全间隙　　C. 参考平面　　D. 停留时间

4. “CYCLE85（RTP，RFP，SDIS，DP，DPR，DTB，FFR，RFF）”中，SDIS 表示（　　）。

A. 返回平面　　B. 安全间隙　　C. 参考平面　　D. 铰孔深度

5. 指令“HOLES1（20，30，0，10，20，5）”可加工（　　）个孔。

A. 20　　B. 30　　C. 10　　D. 5

6. GOTOB 表示（　　）。

A. 向前跳转　　B. 向后跳转
C. 不是转移指令　　D. 可以向前跳转，也可以向后跳转

7. 下列程序跳跃的目标程序段中，书写正确的是（　　）。

A. N10 MARK1 R1 = R1 + R2　　　B. N60 MARK2：R5 = R5 - R2

C. N10 MARK1；R1 = R1 + R2　　　D. N60 MARK2. R5 = R5 - R2

8. 若 R1 = 100，R2 = R1 + R1，R1 = R2，则 R1 最后为（　　）。

A. 100　　B. 200　　C. 300　　D. 400

9. 下列 R 参数中，（　　）属于加工循环传递参数。

A. R0　　B. R99　　C. R100　　D. R299

10. “CYCLE840（RTP, RFP, SDIS, DP, DPR, DTB, SDR, SDAC, ENC, MPIT，PIT）”中的 ENC 设置为 1 表示（　　）。

A. 不带编码器攻螺纹　　　B. 带编码器攻螺纹

C. 退回时的旋转方向自动转换　　　D. 退回时的旋转方向为 M03

11. “HOLES1（SPAC，SPCO，STA1，FDIS，DBH，NUM）”中，STA1 表示（　　）。

A. 点横坐标　　　B. 排孔参考点纵坐标

C. 排孔轴线与纵轴的夹角　　　D. 排孔轴线与横轴的夹角

12. “HOLES2（CPA，CPO，RAD，STA1，INDA，NUM）”中，RAD 表示（　　）。

A. 圆周孔的中心点，平面的第一坐标轴

B. 增量角度

C. 圆周孔的中心点，平面的第二坐标轴

D. 圆周孔的半径

13. “CYCLE90（RTP，RFP，SDIS，DP，DPR，DIATH，KDIAM，PIT，FFR，CDIR，TYPTH，CPA，CPO）”中的 CDIR 设置为 3，同时 TYPTH 设置为 1，表示（　　）。

A. 应用 G02 铣削内螺纹　　　B. 应用 G03 铣削内螺纹

C. 应用 G02 铣削外螺纹　　　D. 应用 G03 铣削外螺纹

14. “CYCLE86（RTP，RFP，SDIS，DP，DPR，DTB，SDIR，RPA，RPO，RPAP，POSS）”中，POSS 表示（　　）。

A. 旋转方向　　　B. 主轴停止的位置

C. 参考平面　　　D. 返回路径

三、判断题

1. 指令“HOLES1（10，20，0，30，40，5）”可加工 10 个孔。（　　）
2. 孔加工固定循环指令中，参数 DPR 一定是正值。（　　）
3. 孔加工固定循环指令中，参数 RFP 表示参考平面。（　　）
4. 孔加工固定循环指令多而复杂，手工编程时尽量不用。（　　）
5. 钻孔循环指令中，参数 DPR 表示孔的深度。（　　）
6. CYCLE81 可用于中心孔定位。（　　）
7. CYCLE83 指令中，参数 FDPR 表示相对于参考平面的第一次钻孔深度。（　　）
8. CYCLE83 指令中，参数 VARI = 1 表示排屑加工。（　　）
9. CYCLE83 指令中，参数 VARI = 0 表示断屑加工。（　　）
10. 运用数控系统的固定循环加工指令可简化编程。（　　）
11. CYCLE84 指令中，参数 MPIT 表示标准螺距。（　　）

12. CYCLE84 指令中，参数 POSS 表示主轴的准停角度。 ( )

13. CYCLE85 指令中，参数 FFR 表示进给速度。 ( )

14. SDIR 表示主轴旋转方向。 ( )

15. CYCLE84 与 CYCLE840 功能完全相同。 ( )

16. CYCLE87 与 CYCLE88 都可用于镗孔加工。 ( )

四、简答题

1. 试述孔加工固定循环中平面的选择原则。

2. 写出刚性攻螺纹指令 CYCLE84 的格式及各参数的含义。

五、编程题

1. 编写图 5－5 所示零件的加工程序。

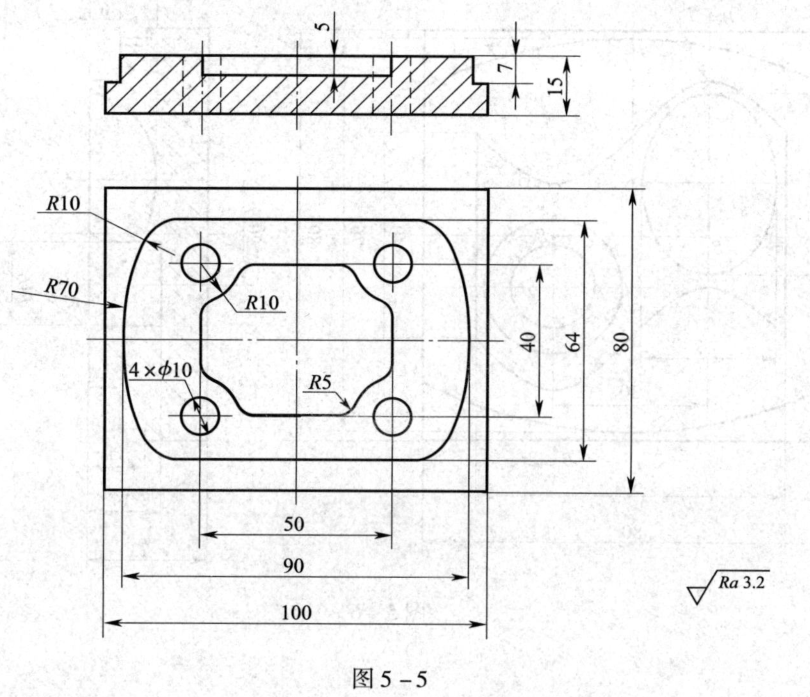

图 5－5

2. 编写图 5－6 所示零件的加工程序。

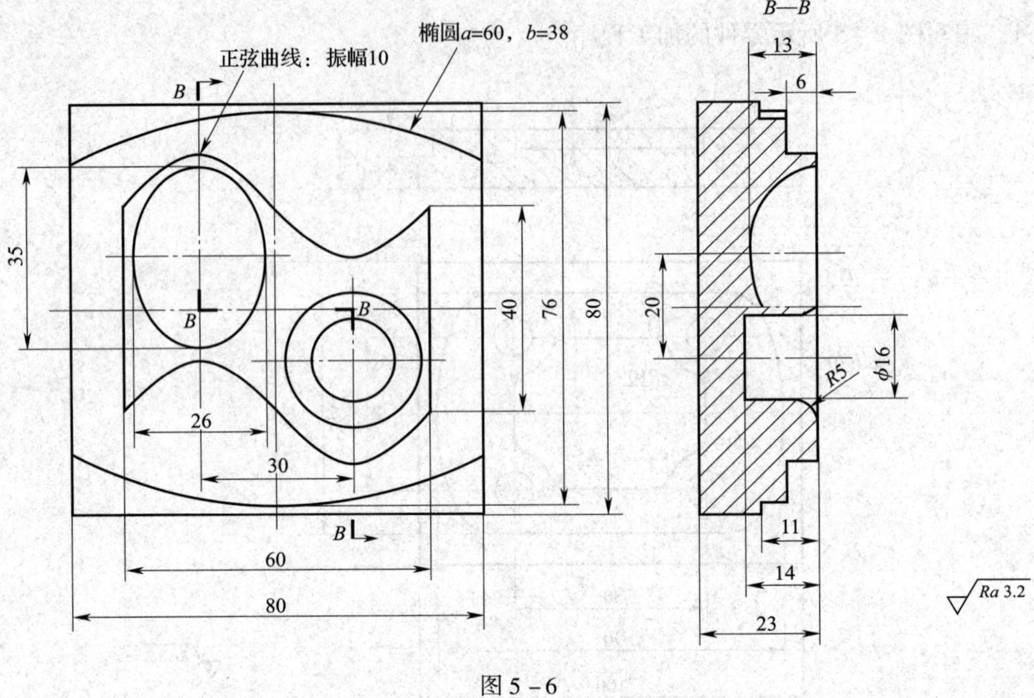

图 5－6

3．编写图 5－7 所示零件的加工程序，毛坯尺寸为 80 mm×80 mm×40 mm。

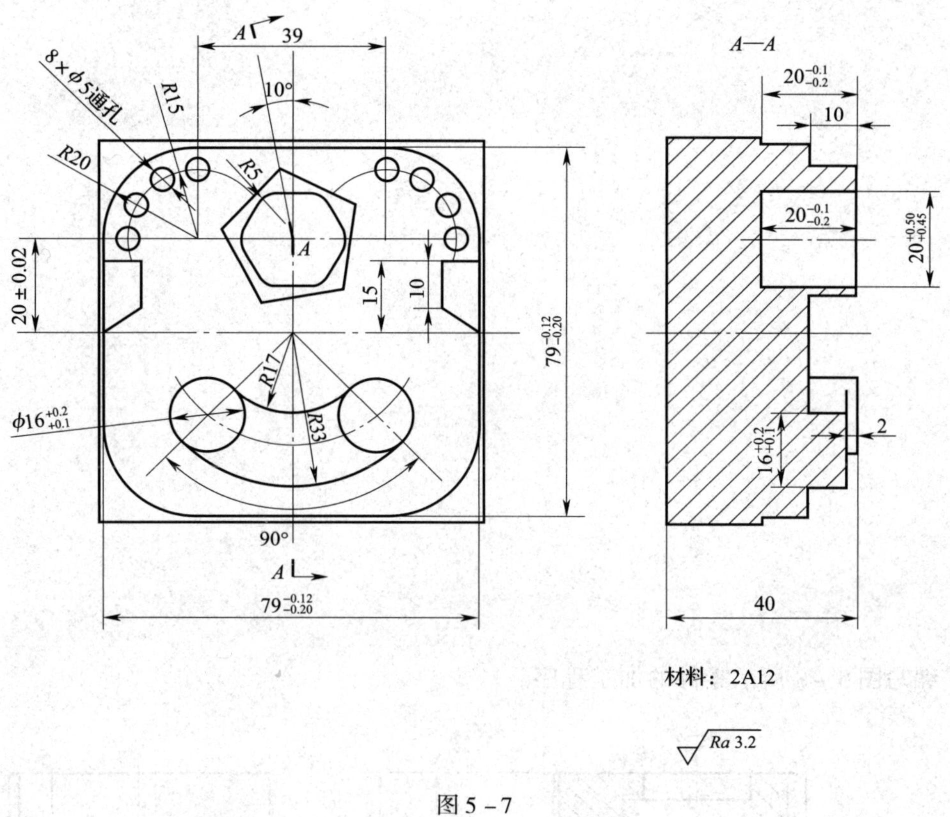

图 5－7

4．编写图 5－8 所示零件的加工程序。

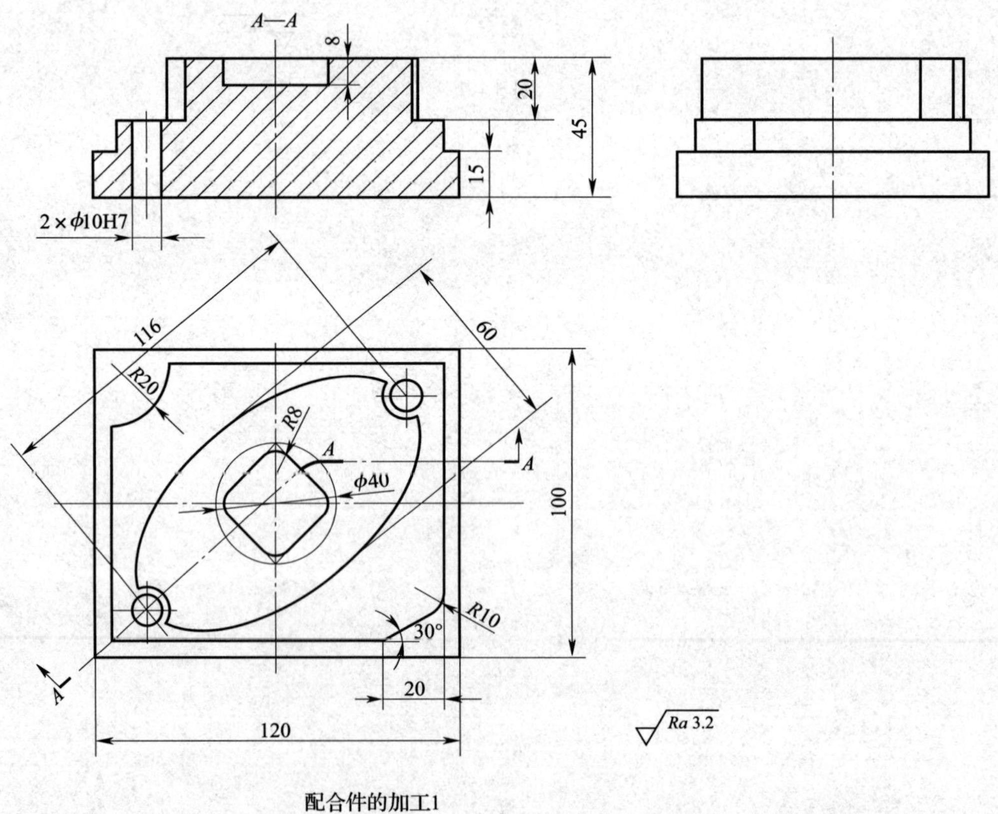

配合件的加工1

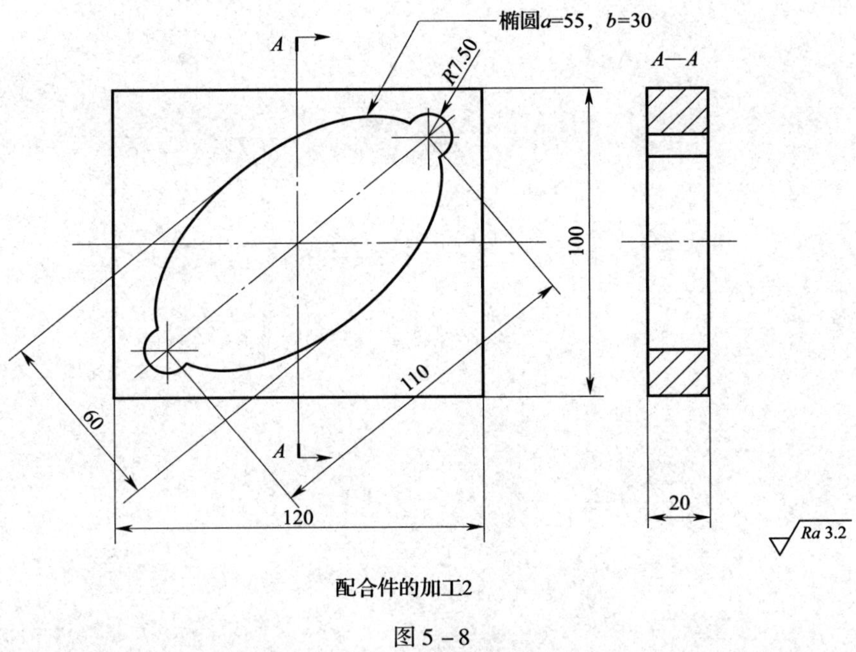

配合件的加工2

图 5－8

第三节　轮廓加工循环

一、填空题

1. 使用 CYCLE71 指令可以铣削任何矩形进给的________。循环识别________和________，可以定义最大________________和________________进给进率。

2. CYCLE71 指令使用参数________和________定义平面内轴中的起始点。

3. CYCLE71 指令中的 FALD 表示________________，FDP1 表示________________。

4. CYCLE71 指令中 VARI = 11 表示________________，VARI = 32 表示________________。

5. CYCLE72 指令中 KNAME 表示________________，RL = 41 表示________________，AS1 = 13 表示________________。

6. CYCLE72 指令中 KNAME = “KONTUR1”，那么 KONTUR1 的后缀是________。

7. 使用 CYCLE76 可加工平面上的________凸台，对于精加工，需用________铣刀。在某一深度的平面内，为了接近凸台轮廓，刀具沿着________路径移动，其中 CDIR = 0 表示________________，CDIR = 3 表示________________。

8. 使用 CYCLE77 可加工平面上的________凸台，对于精加工，需要使用________铣刀。

9. SLOT1 循环是一个综合的______和______循环，使用此循环可以加工______排列槽。其中 VARI = 1 表示________________，VARI = 2 表示________________，VARI = 0 表示________________。

10. SLOT2 循环是一个综合的______和______循环，使用此循环可以加工分布在圆上的__________排列槽。其中 NUM = 3 表示________________。

11. POCKET3 可以用于________和________，精加工时要求使用________铣刀。

12. POCKET4 可以用于加工__________型腔，精加工时要求使用________铣刀。

二、选择题

1. 在 SIEMENS 802D 系统中，CYCLE72 是（　　）指令。

A. 孔加工　　B. 规则轮廓铣削

C. 铣平面　　D. 一般轮廓铣削

2. 圆弧槽铣削固定循环指令为（　　）。

A. SLOT1　　B. SLOT2　　C. POCKET1　　D. POCKET2

3. “CYCLE71（RTP，RFP，SDIS，DP，PA，PO，LENG，WID，STA，MID，MIDA，FDP，FALD，FFP1，VARI，FDP1）”中，MID 表示（　　）。

A. 第一轴上的矩形长度　　B. 精加工方向上的返回行程

C. 最大进给深度　　D. 最大进给宽度

三、判断题

1. 使用 CYCLE72 指令可以切削任何矩形进给的平面。（　　）

2. 在 CYCLE71 指令中使用 MIDA 定义在平面中连续加工时的最大进给宽度。 (　　)
3. 在 CYCLE71 指令中 FDP 值没有要求。 (　　)
4. 使用 CYCLE72 指令只能铣削由子程序定义的封闭轮廓。 (　　)
5. 使用 CYCLE72 只能进行轮廓粗加工。 (　　)
6. 在应用 POCKET3 时，FALD 表示型腔边缘的精加工余量。 (　　)
7. 在应用 POCKET3 时，MIDA 表示最大进给宽度。 (　　)
8. 在应用 LONGHOLE 加工时，MID =0 表示一次切削完成槽深切削。 (　　)
9. 在调用 LONGHOLE 加工前必须编制刀具补偿程序段。 (　　)
10. SLOT1 与 LONGHOLE 可以互换。 (　　)
11. 在应用 SLOT2 时 INDA =0，增量角可以通过槽的数量按均布在圆周上计算得出。 (　　)
12. 在应用 POCKET3 时，FAL 表示型腔边缘的精加工余量。 (　　)

四、简答题

1. 简述 CYCLE71 粗加工与精加工时的动作顺序。

2. 简述 LONGHOLE 的动作顺序。

3. 简述 POCKET3 精加工时的动作顺序。

五、编程题

1．编写图 5－9 所示零件的加工程序。

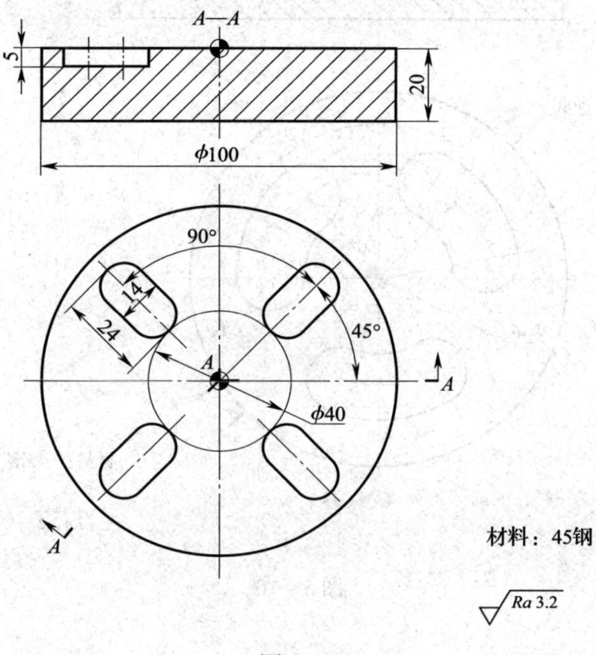

图 5－9

2. 编写图 5－10 所示零件的加工程序。

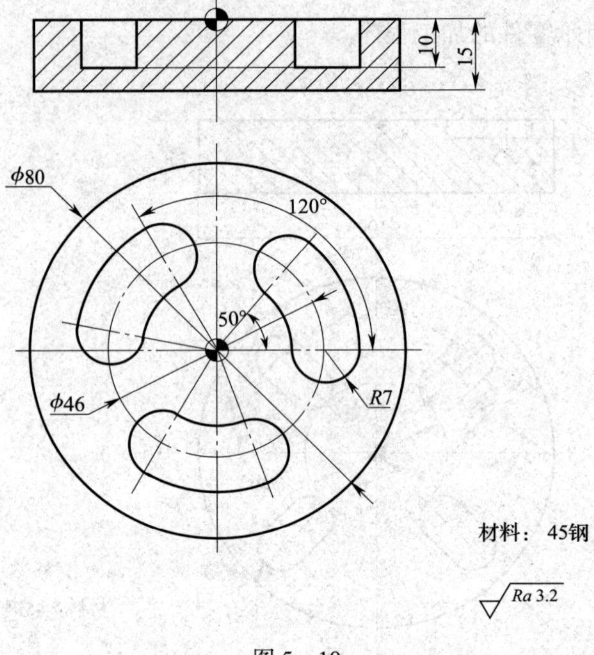

材料：45钢

Ra 3.2

图 5－10

3. 编写图 5－11 所示零件的加工程序。

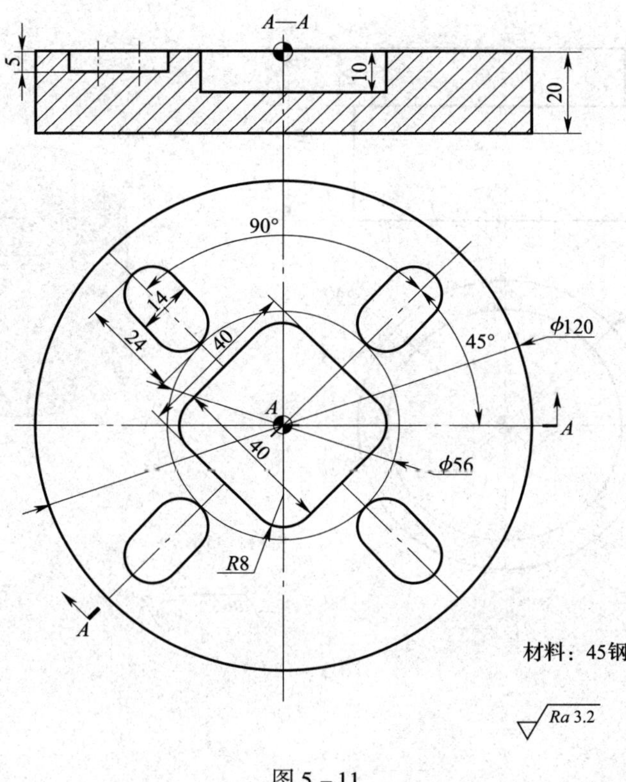

图 5－11

4. 编写图 5－12 所示零件的加工程序。

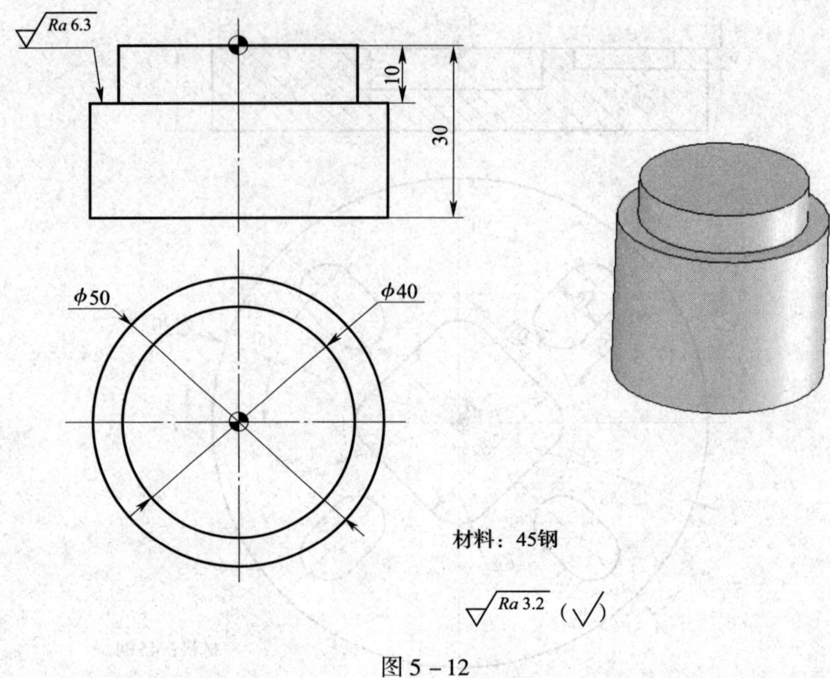

图 5－12

第四节　极坐标编程与坐标变换

一、填空题

1. 极坐标角度的零度方向为＿＿＿＿＿＿的正方向，逆时针方向为角度方向的正向。

2. 通常情况下，＿＿＿＿＿＿的孔类零件（如法兰类零件）以及图样尺寸以半径与角度形式标示的零件（如正多边形外形铣削），采用极坐标编程较为合适。

3. 框架（FRAME）是指系统中用来描述平移或旋转等几何运算的术语。常用的框架有＿＿＿＿＿（TRANS、ATRANS）、＿＿＿＿＿＿（ROT、AROT）、＿＿＿＿＿＿（SCALE、ASCALE）、＿＿＿＿＿＿（MIRROR、AMIRROR）等。

4. 如果在 TRANS 后面没有＿＿＿＿＿＿参数，将取消程序中所有的框架，仍保留原工件坐标系。

二、选择题

1. 程序段"G18 ROT RPL＝45"中的 45 表示（　　）。

   A. 坐标系转 X 轴旋转的角度　　B. 坐标系转 Z 轴旋转的角度

   C. 坐标系转 Y 轴旋转的角度　　D. 坐标系转 XY 平面旋转的角度

2. 在坐标旋转和镜像中刀具半径补偿的方向分别是（　　）。

   A. 不变、可能相反　　B. 可能相反、不变

   C. 一定不变　　D. 一定相反

3. 用指令（　　）可指定当前刀具点为极点。

   A. G110　　B. G111　　C. G112　　D. G113

4. 在 SIEMENS 系统中，坐标相对平移指令是（　　）。

   A. TRANS　　B. ATRANS　　C. SCALE　　D. ASCALE

5. 指令"G00 AP＝__ RP＝__"中的 AP 值表示（　　）。

   A. 极坐标角度　　B. 极坐标半径

   C. 极坐标参数　　D. 极坐标增量值

三、判断题

1. 在 SIEMENS 系统中，不可同时使用两种不同的坐标系转换指令。（　　）

2. 在 SIEMENS 系统中，平面内的坐标旋转用"ROT X＝__"来表示。（　　）

3. 使用 SCALE、ASCALE 指令，可以对所有坐标轴按编程的比例系数进行缩放，按此比例使所给定的轴放大或缩小若干倍。（　　）

4. 如果在比例缩放后再进行坐标系的平移，则坐标系平移值不必进行比例缩放。（　　）

5. 在镜像功能有效时，旋转方向 G02/G03 自动改变。（　　）

6. 对于平面旋转指令，旋转轴为与该平面相垂直的轴，从旋转轴的正方向向该平面看，逆时针方向为正方向，顺时针方向为负方向。（　　）

四、简答题

1．简述使用可编程零点偏置指令的注意事项。

2．简述使用比例缩放指令的注意事项。

3．写出坐标系旋转指令的格式及其各参数的含义。

五、编程题

1．编写图 5－13 所示零件的加工程序。

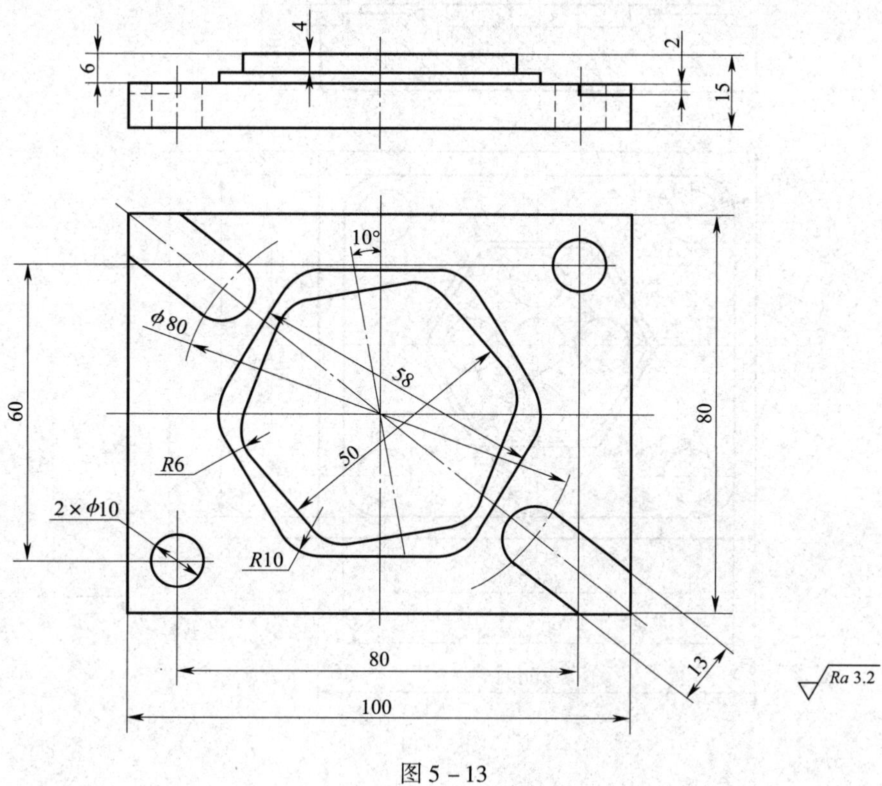

图 5－13

2. 编写图 5 - 14 所示零件的加工程序。

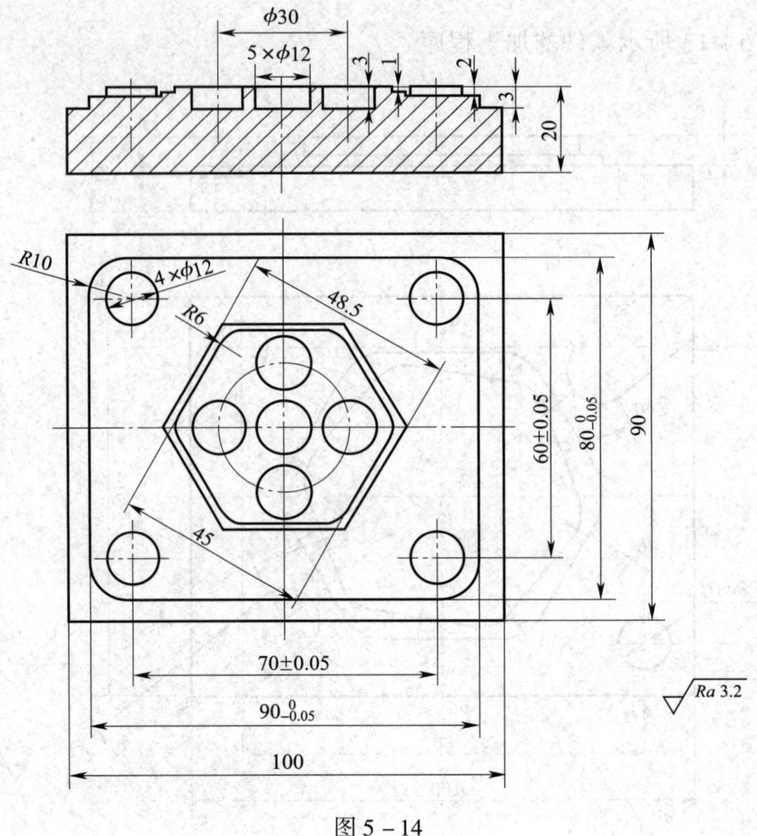

图 5 - 14

3. 编写图 5－15 所示零件的加工程序。

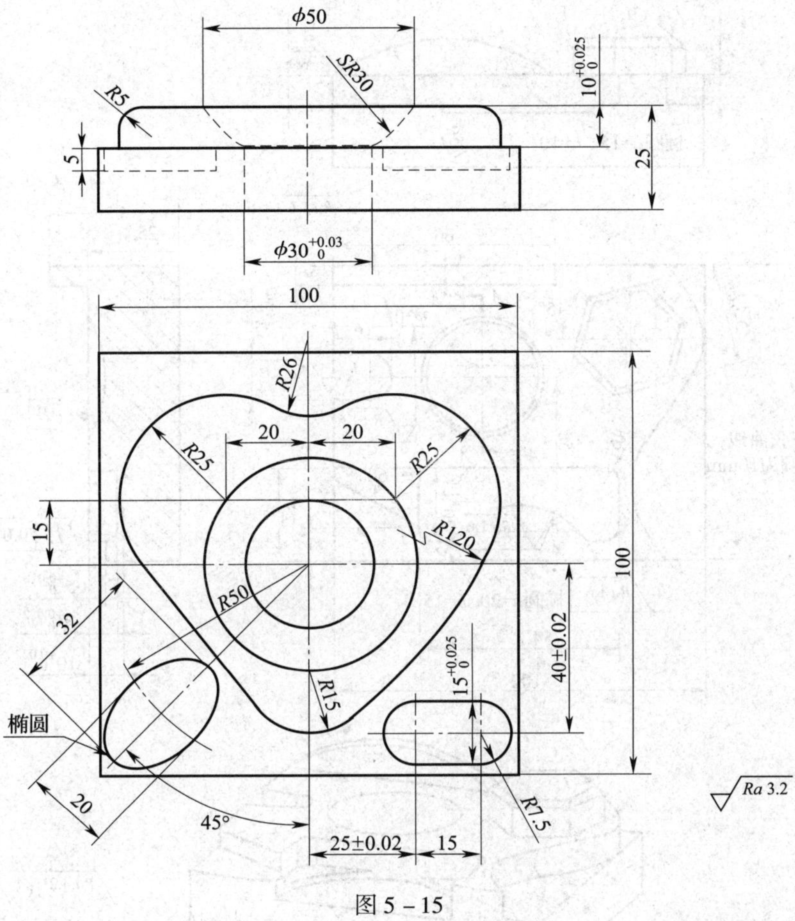

图 5－15

4．编写图 5－16 所示零件的加工程序。

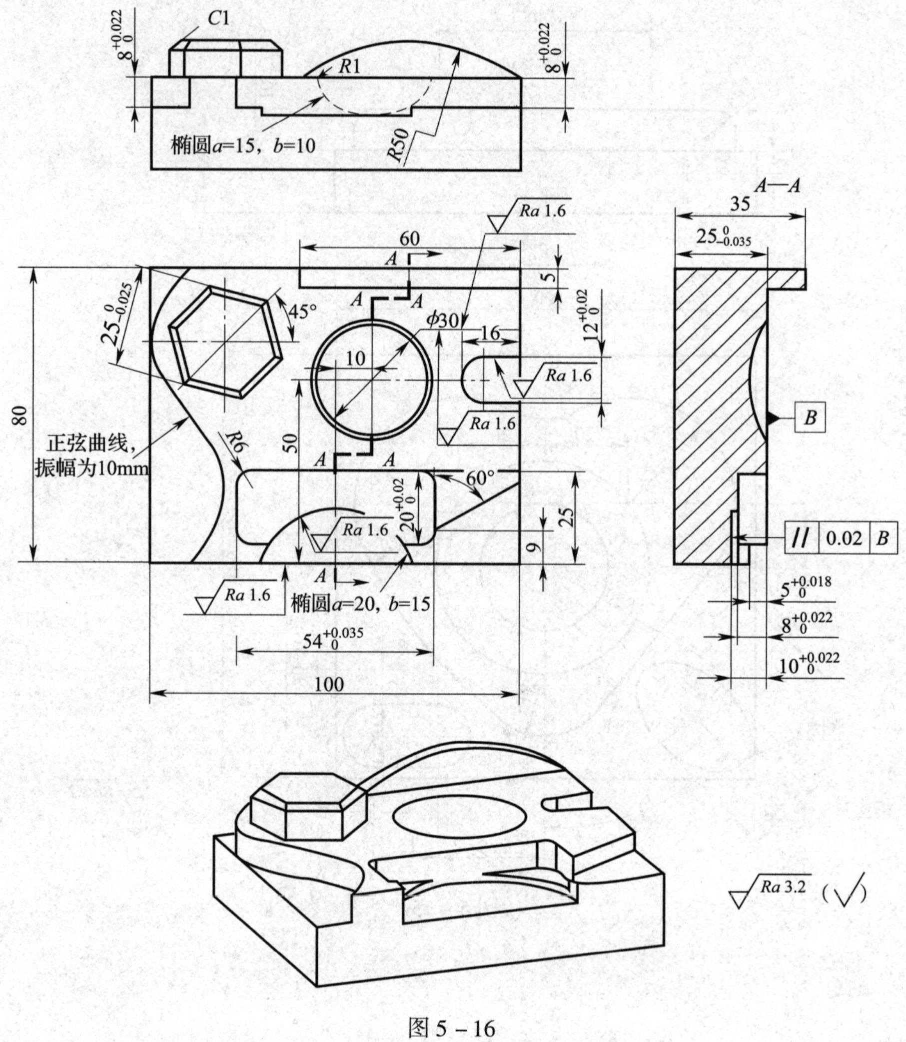

图 5－16

第六章　数控电加工机床编程

第一节　数控线切割机床编程

一、填空题

1. 数控线切割加工的程序有______、______代码格式和符合国际标准的________代码格式。

2. 固定程序段格式是指应用________和________代码格式的，可变程序段格式是指应用__________代码格式的。

3. 3B 代码的格式为______________________________。其中，B 为__________，J 为__________，G 为__________，Z 为__________。

4. 直线的加工方式有______种，按切割方向不同可分为__________、__________、__________、__________。

5. 计数方向 G 分为__________和__________两种。

6. 圆弧的加工方式有__________种，按起点位置不同可分为__________、__________、__________、__________，__________代表圆弧加工，__________代表起点位置位于的象限。按切割走向可分为顺圆和逆圆，用__________、__________表示。

7. 应用 3B 编程格式的线切割机床加工直线时，以该直线的________为坐标系原点，X、Y 值取__________的坐标值；加工圆弧时，以该圆弧的______为坐标系原点，X、Y 值取__________________，不写坐标值的__________。

8. 在应用 3B 代码编程时，确定计数长度以________________为基础。计数长度是指被加工的直线或圆弧________________投影的绝对值__________，其单位为__________。

9. 圆弧加工的计数长度为按计数方向在________________________上的投影长度，以__________为单位。当圆弧跨几个象限时，取__________作为计数长度。

10. 在线切割加工中，M96 表示__________________，M97 表示__________________。

11. 在线切割加工中，T84 表示__________________，T87 表示__________________。

二、选择题

1. 3B 代码编程的格式中 X、Y 值的单位是（　　）。

A. μm　　B. mm

C. cm　　D. 可以根据实际需要设定

2. 应用 3B 代码编程的格式编写圆弧加工程序时，X、Y 值为（　　）。

A. 圆弧中间点的坐标值　　B. 圆弧圆心的坐标值

C. 圆弧终点的坐标值　　D. 圆弧起点的坐标值

3. 应用3B代码编程的格式编写直线加工程序时，X、Y值为（　　）。

A. 直线上任一点的坐标值　　B. 直线中间点的坐标值

C. 直线终点的坐标值　　D. 直线起点的坐标值

4. 应用4B代码编程时，Z值表示（　　）。

A. 加工方向　　B. *Z*向尺寸

C. 加工距离　　D. 加工的*Z*向坐标值

5. 在线切割加工中，G05表示（　　）。

A. *X*轴镜像　　B. *Y*轴镜像　　C. *Z*轴镜像　　D. 原点镜像

6. 在线切割加工中，G51表示（　　）。

A. 锥度左偏　　B. 锥度右偏

C. *Y*轴镜像　　D. *X*轴镜像

7. 在线切割加工中，G84表示（　　）。

A. 半程移动　　B. 接触感知

C. 微弱放电找正　　D. 补偿

8. 在线切割加工中，M05表示（　　）。

A. 主轴停　　B. 接触感知

C. 微弱放电找正　　D. 解除接触感知

9. 在线切割加工中，T90表示（　　）。

A. 切断电极丝　　B. 电极丝穿丝

C. 停止向加工槽送液　　D. 加工介质喷淋

10. 在线切割加工中，T86表示（　　）。

A. 切断电极丝　　B. 电极丝穿丝

C. 停止向加工槽送液　　D. 加工介质喷淋

11. 在线切割加工中，半程移动（G82）可在（　　）操作下应用。

A. 手动　　B. 自动

C. 手轮　　D. 由操作者确定

12. 在线切割加工中，接触感知（G80）可在（　　）操作下应用。

A. 手动　　B. 自动

C. 手轮　　D. 由操作者确定

三、判断题

1. 应用4B代码编程时，D值表示切割凸圆弧。（　　）
2. 应用4B代码编程时，MJ表示程序结束（加工完毕）。（　　）
3. 4B代码编程能处理尖角的自动间隙补偿。（　　）
4. 在线切割加工中，T86表示加工介质喷淋。（　　）
5. 在线切割加工中，T85表示停止向加工槽送液。（　　）
6. 4B程序段格式间隙补偿程序的引入、引出段在切线方向上。（　　）
7. 4B代码编程的R值可表示公切圆半径。（　　）

四、简答题

1．将直线切割的四种加工方式代码填写在图 6－1 的对应方框中。

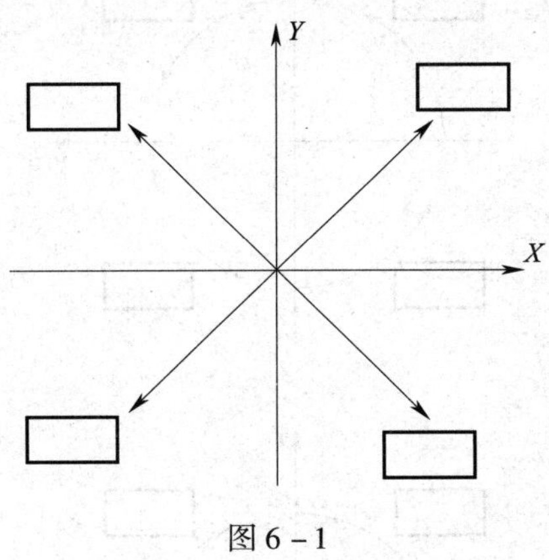

图 6－1

2．在 3B 编程格式中直线加工的 X、Y、G、J 值怎样确定？

3．将3B代码圆弧加工程序的八种加工方式代码填写在图6－2的对应方框中。

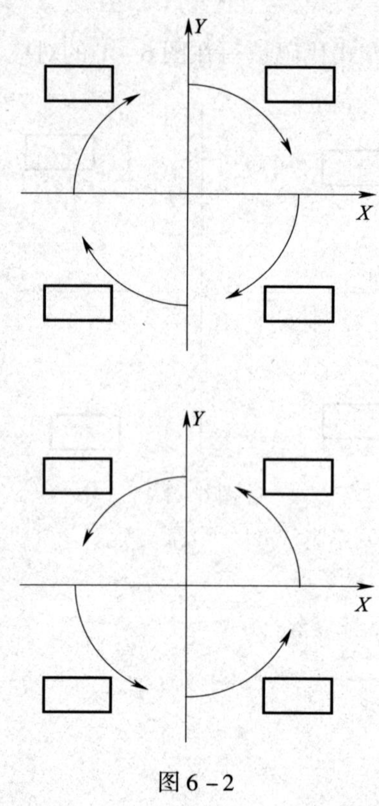

图6－2

4．4B代码编程格式有什么特点？它与3B代码编程格式有什么不同？

5．数控铣削加工的刀具半径补偿与数控线切割加工的电极丝半径补偿有什么异同？

五、编程题

1．编写图 6－3 所示正六边形工件的 3B 加工程序，电极丝从 1 点切入，切割路线沿数字顺序，工件坐标系原点在六边形中心。

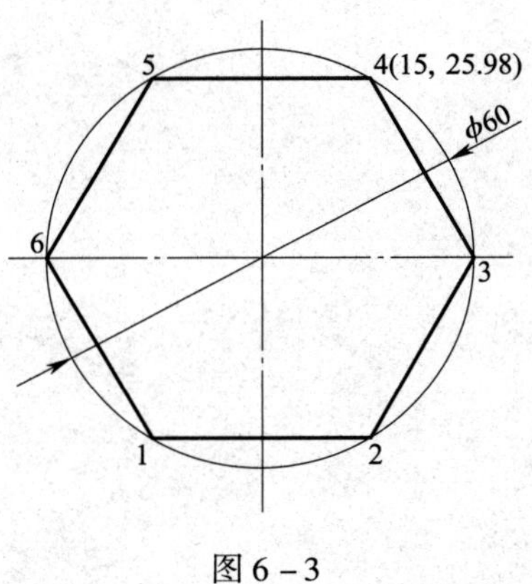

图 6－3

2. 编写图 6－4 所示零件的线切割加工程序。

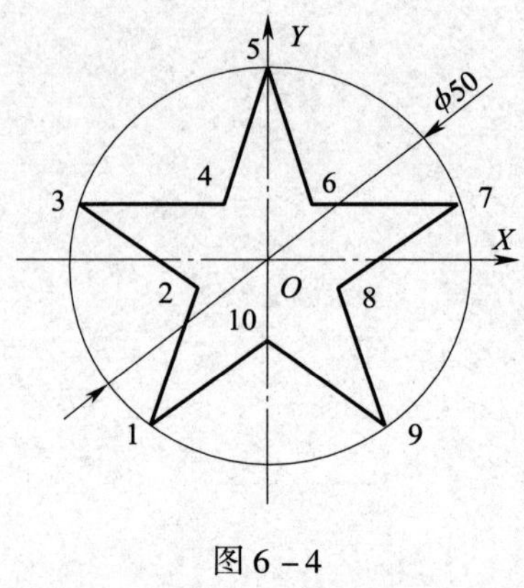

图 6－4

3. 编写图 6－5 所示零件的 ISO 代码程序（绝对坐标编程或增量坐标编程）。

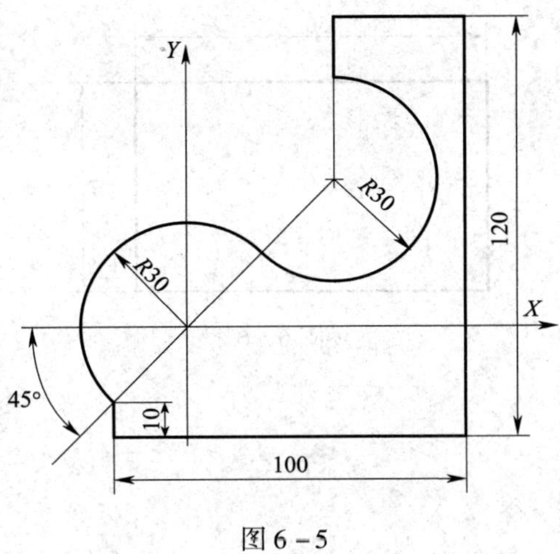

图 6－5

4. 编写图 6 - 6 所示零件的 4B 代码程序。

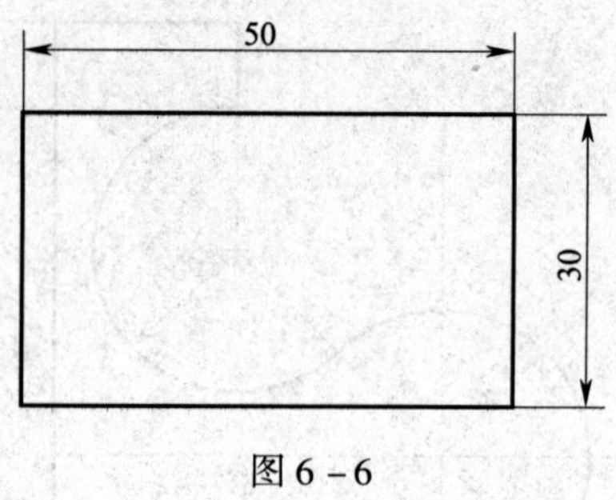

图 6 - 6

5. 编写图 6－7 所示零件的 4B 代码程序。

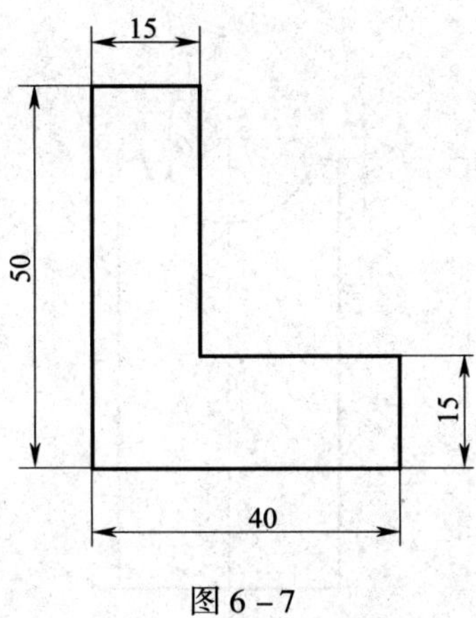

图 6－7

6. 用3B格式编写图6－8所示零件的线切割程序。

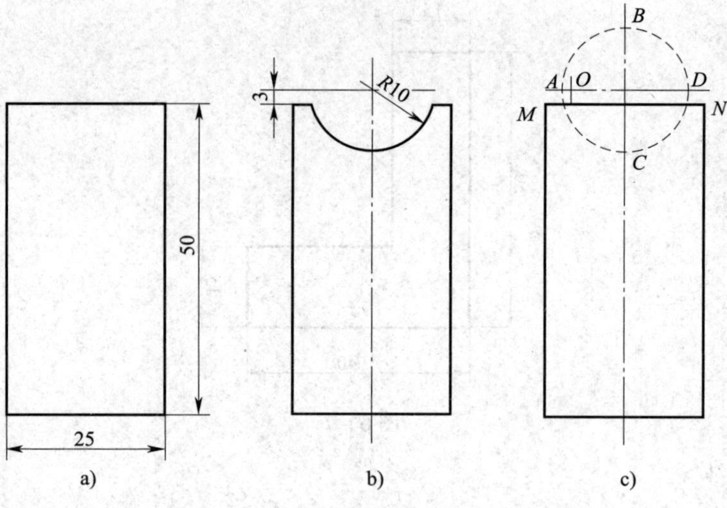

图6－8

a）毛坯图　b）零件图　c）加工轨迹图

7. 编写图 6－9 所示零件的线切割程序。

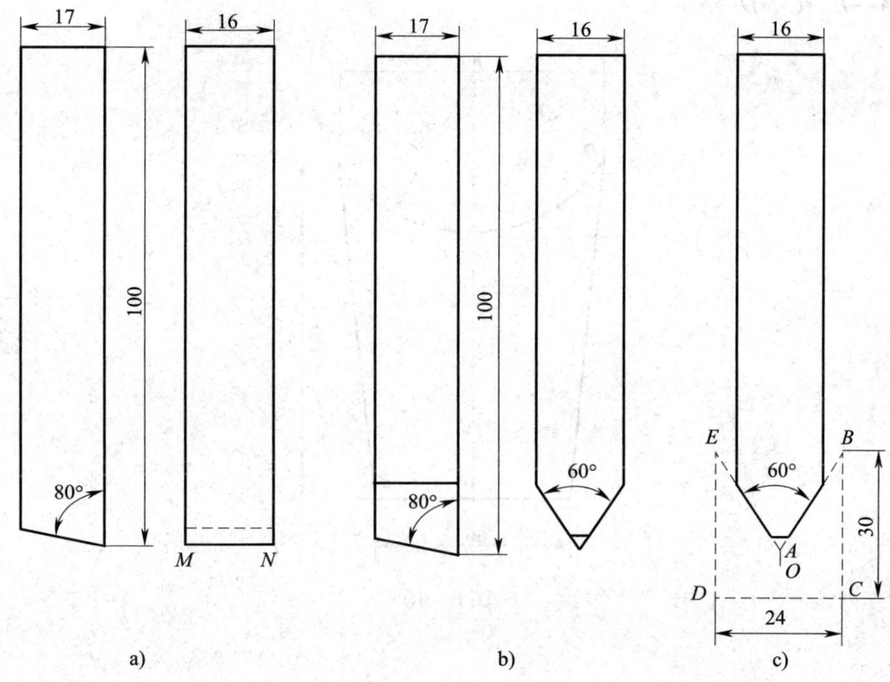

图 6－9

a）毛坯图　b）零件图　c）加工轨迹图

8. 用3B代码编写图6－10所示零件的线切割加工程序（不考虑电极丝直径补偿），加工路线为 $A \rightarrow B \rightarrow C \rightarrow D \rightarrow A$。

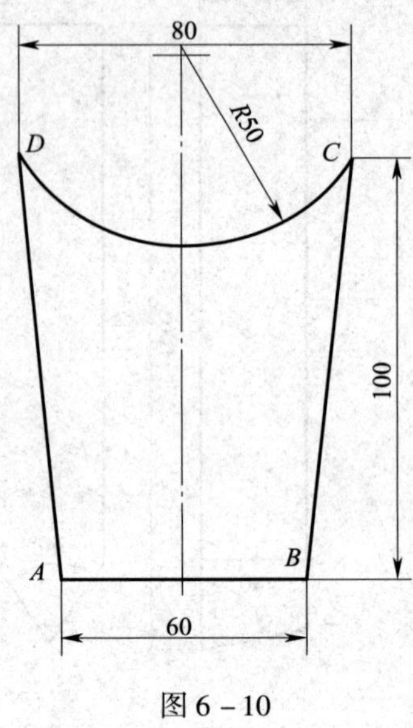

图6－10

9. 对刀样板是车工磨刀时测量角度的工具。用线切割机床加工图 6－11 所示的对刀样板。毛坯尺寸为 50 mm×30 mm×3 mm，材料为 45 钢。编写其加工程序。

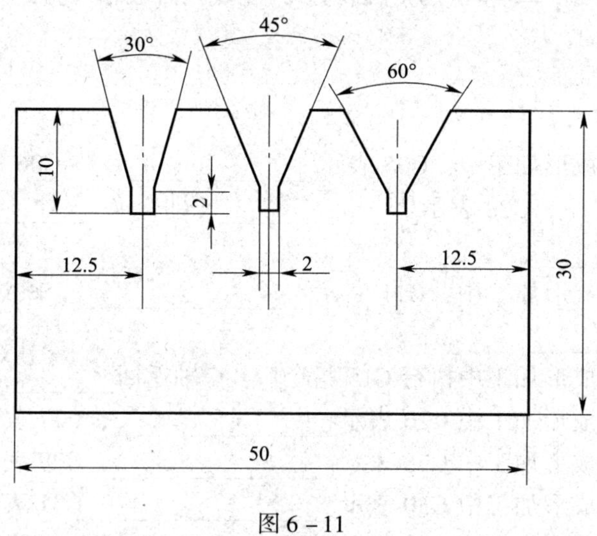

图 6－11

第二节　数控电火花成形机床编程

一、填空题

1. 在数控电火花成形加工中，G05 表示______________，G06 表示______________，G07 表示______________，G08 表示______________（即交换__________和__________），G09 表示______________。

2. 在数控电火花成形加工中，G11 表示________________，跳过__________程序段；G12 表示________________。

3. 在数控电火花成形加工中执行 G15 指令后，*C* 轴返回______________。

4. 在数控电火花成形加工中 G26 表示________________，G27 表示________________。

5. 在数控电火花成形加工中 G28 表示________________，G29 表示________________。

6. 在数控电火花成形加工中 G30 表示________________，G31 表示________________。

7. 在数控电火花成形加工中 G83 表示________________，G84 表示________________。

8. 在数控电火花成形加工中 G86 表示____________________。

9. 在数控电火花成形加工中 G86 地址为 X 时表示____________；地址为 T 时表示在加工到设定深度后，启动__________，再持续加工指定的时间，但加工深度______________。

二、选择题

1. 在数控电火花成形加工中，程序段“G84 Z300;”表示（　　）。

   A. *Z* 坐标值放入 H300 开始的地址

   B. 加工的深度为 300

   C. 加工的深度为 –300

   D. 电极回到 Z300 处

2. 在数控电火花成形加工中，程序段“G86 X001000;”表示（　　）。

   A. 加工 10 min　　B. 加工 10 h

   C. 加工 10 s　　D. 加工 1 000 mm

3. 在数控电火花成形加工中，M05 表示（　　）。

   A. 主轴停止　　B. 忽略接触感知

   C. 主轴正转　　D. 主轴反转

4. 在数控电火花成形加工中，M08 表示（　　）。

   A. R 轴旋转开　　B. 切削液开　　C. 切削液关　　D. R 轴旋转关

5. 在数控电火花成形加工中，M09 表示（　　）。

   A. R 轴旋转开　　B. 切削液开　　C. 切削液关　　D. R 轴旋转关

三、判断题

1. 在数控电火花成形加工中，G81 表示孔加工循环。　　（　　）

2．在数控电火花成形加工中，G82 表示孔加工循环。 （ ）

3．在数控电火花成形加工中，程序段“G84 Y200；”表示 *Y* 坐标值放入 H200 开始的地址。 （ ）

四、简答题

1．电火花成形加工的条件有哪些？

2．电火花成形加工的参数有哪些？

五、编程题

1．编写图 6－12 所示零件的电火花成形加工程序。

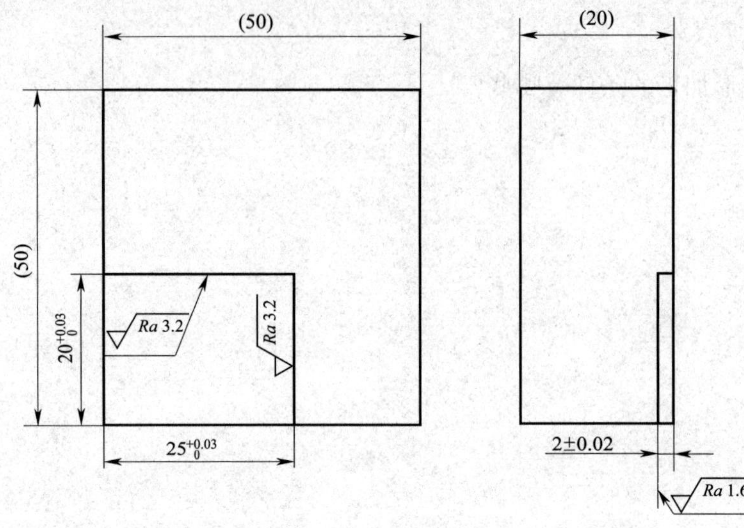

图 6－12

2. 图 6－13 所示为中夹板落料凹模，工件材料为 Cr12 钢，配合间隙为 0.08～0.10 mm，热处理淬火硬度为 62～64HRC。编写电火花成形加工程序。

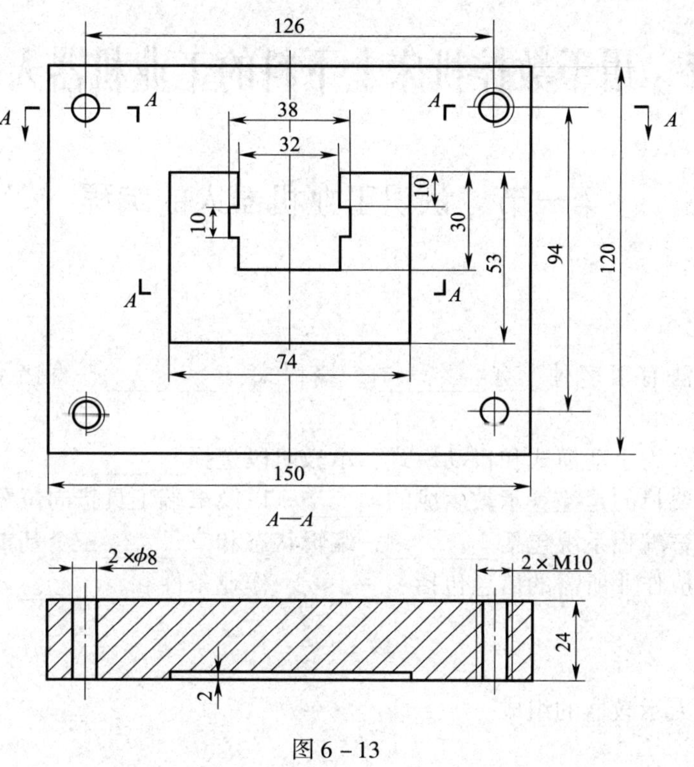

图 6－13

第七章　用于数控机床上下料的工业机器人的编程

第一节　认识工业机器人的编程

一、填空题

1. 示教的方法有很多种，有________、编程式、________、直接示教（即手把手示教）等多种。

2. 示教模式分为手动模式和自动模式，示教阶段选择________。

3. 跟踪的主要目的是检查示教生成的________以及末端工具指向位置是否已________。

4. 机器人语言编程系统包括________、编辑状态和________三个基本操作状态。

5. 机器人完成作业所需的信息包括________、作业条件和________。

二、简答题

1. 简述机器人示教器的组成。

2. 在线示教编程有什么特点？

3．工业机器人编程分为哪几种？

4．对工业机器人编程有什么要求？

5．简述离线编程的组成。

第二节　工业机器人编程的基础

一、填空题

1. 通常机器人运动轴按其功能可划分为________、基座轴和工装轴，________和________统称外部轴。
2. 机器人的各种坐标系都由正交的________来决定。
3. 绝对坐标系是与机器人的运动无关，以________为参照系的固定坐标系。
4. 机座坐标系是以机器人________为参照系的坐标系。
5. 工具坐标系是以安装在机械接口上的________为参照系的坐标系。
6. 腕坐标系和工具坐标系都是用来定义工具________的。
7. 关节坐标系用来描述机器人每个________的运动。
8. 基坐标系在机器人基座中有相应的______，便于机器人从一个______移动到另一个______的坐标系。
9. ______是安装在末端法兰盘上的工具中心点（TCP）。

二、判断题

1. 两台工业机器人对一辆汽车同时焊接，应定义一个世界坐标系。（　　）
2. 机器人可以拥有一个工件坐标系。（　　）
3. 腕坐标系和工具坐标系都是用来定义工具方向的。（　　）
4. 运动轨迹是机器人为完成某一作业，工具中心点（TCP）所掠过的路径。（　　）

三、简答题

1. 工业机器人常用的坐标系有哪几种？

2．世界坐标系的用处是什么？

3．弧焊枪工具坐标系与夹爪工具坐标系有什么区别？

4．常用的程序数据有哪几个？

5. 程序数据分为哪几类？有哪几种存储类型？

6. 工件坐标系有什么作用？

四、应用题

1. 画出垂直墙面安装，向下操作工业机器人的大地坐标系与基坐标系。

2．画出天花板安装，向左操作工业机器人的大地坐标系与基坐标系。

3．写出 num 与 bool 参数的输入步骤。

第三节　工业机器人上下料程序的编制

一、选择题

1. 下列（　　）转弯半径数据会使得运动更为流畅。

   A. fine　　B. z10　　C. z50　　D. z100

2. 对于速度数据 v1 000 描述错误的是（　　）。

   A. 1 000 的单位是 mm/s

   B. 1 000 描述的是 TCP 的线性移动速度

   C. 使用 v1 000 移动 1 000 mm 需要耗时 1 s

   D. v1 000 表示运动速度数据

二、编程题

图 7－1 为工业机器人与龙门式（5 轴）数控机床组成的工作站，末端执行器为气吸附，采用在线示教方式为机器人输入搬运作业程序。动作说明见表 7－1。程序点说明如图 7－2 所示。工件搬运作业示教见表 7－2，示教模式下，手动操作移动龙门搬运机器人轨迹设定程序点 1 至程序点 13，程序点 1 和程序点 13 需设置在同一点，可方便编写程序，此外程序点 1 至程序点 13 需处于与工件、夹具互不干涉的位置，据此编写工业机器人上下料程序。

图 7－1　工作站

表 7-1 动作说明

程序点	说明	吸盘动作	程序点	说明	吸盘动作
程序点 1	机器人原点		程序点 8	搬运中间点	吸取
程序点 2	移动中间点		程序点 9	搬运中间点	吸取
程序点 3	搬运临近点		程序点 10	搬运作业点	放置
程序点 4	搬运作业点	吸取	程序点 11	搬运规避点	
程序点 5	搬运中间点	吸取	程序点 12	移动中间点	
程序点 6	搬运中间点	吸取	程序点 13	机器人原点	
程序点 7	搬运中间点	吸取			

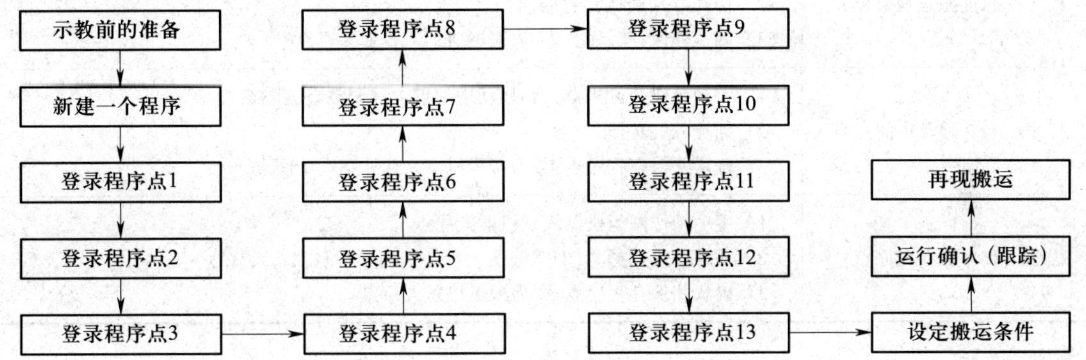

图 7-2 程序点说明

表 7-2 工件搬运作业示教

程序点	运动方式
程序点 1（机器人原点）	1. 手动操作机器人的要领是移动机器人到搬运原点 2. 插补方式选择“PTP”（点到点） 3. 确认并保存程序点 1 为搬运机器人原点
程序点 2（移动中间点）	1. 手动操作搬运机器人到移动中间点，并调整吸盘姿态 2. 插补方式选择“PTP” 3. 确认并保存程序点 2 为搬运机器人作业移动中间点
程序点 3（搬运临近点）	1. 手动操作搬运机器人到搬运作业临近点，并调整吸盘姿态 2. 插补方式选择“PTP” 3. 确认并保存程序点 3 为搬运机器人作业临近点
程序点 4（搬运作业点）	1. 手动操作搬运机器人移动到搬运起始点且保持吸盘位姿不变 2. 插补方式选择“直线插补” 3. 再次确认程序点，保证其为作业起始点 4. 若有需要可直接输入搬运作业命令
程序点 5（搬运中间点）	1. 手动操作搬运机器人到搬运中间点，并适度调整吸盘姿态 2. 插补方式选择“直线插补” 3. 确认并保存程序点 5 为搬运机器人作业中间点

续表

程序点	运动方式
程序点 6 ~ 9（搬运中间点）	1. 手动操作搬运机器人到搬运中间点，并适度调整吸盘姿态 2. 插补方式选择“PTP” 3. 确认并保存程序点 6 ~ 9 为搬运机器人作业中间点
程序点 10（搬运作业点）	1. 手动操作搬运机器人移动到搬运终止点，调整吸盘位姿以适合安放工件 2. 插补方式选择“直线插补” 3. 再次确认程序点，保证其为作业终止点 4. 若有需要可直接输入搬运作业命令
程序点 11（搬运规避点）	1. 手动操作搬运机器人到搬运作业规避点 2. 插补方式选择“直线插补” 3. 确认并保存程序点 11 为搬运机器人作业规避点
程序点 12（移动中间点）	1. 手动操作搬运机器人到移动中间点，并调整吸盘姿态 2. 插补方式选择“PTP” 3. 确认并保存程序点 12 为搬运机器人作业移动中间点
程序点 13（机器人原点）	1. 手动操作搬运机器人到机器人原点 2. 插补方式选择“PTP” 3. 确认并保存程序点 13 为搬运机器人原点